# 四季日日五行
# 五色五味的好食養

一只平底鍋＋電鍋，五星級主廚運用當季食材、
配合節氣的60道養生食譜

張政 — 著

# 健康的人生，就從注重飲食開始

莊敬高職餐飲科成立於 2000 年，十多年的經營以「嚴謹、穩重、求新、務實」為餐飲科的精神指標，培育了很多餐飲界的菁英人才。我本人從事記者工作三十多年，現在接任莊敬高職董事長的職務，多年的記者工作經驗使我在識人的能力上特別敏銳且準確，透過餐飲科素食權威阮竑榮老師介紹、武志安主任的推薦，我聘請張政師傅擔任莊敬高職餐飲科的中餐老師，他從五星級飯店走入校園，我相信我給了他技藝傳承的平台、實踐技藝傳承的理想。

莊敬高職是唯一和美國廚藝學院（CIA）合作的高職，美國廚藝學院（CIA) 在全球設有四個校區，是全球知名的廚藝學院，素有「名廚的搖籃、餐飲學校的哈佛」之稱，莊敬高職擁有許多職業類別的國家考場，在餐飲方面的國家檢定考場就有將近二十間以上，包括中餐考場、西餐考場、中米麵考場、烘焙考場、飲料調製考場、餐飲服務考場，設立這些國家檢定考場是我在餐飲業硬體設備上，為想學習的學生和社會人士所做的努力，然而最讓我期待且得意的是在師資上的遴選與聘用，成事在人，莊敬餐飲科擁有最專業的師資陣容。

猶記得 3 年前張政師傅剛來莊敬時，第一次的料理發表會就是五行養生料理，除了創新的食材使用，細膩的擺盤與五行顏色的醬汁，新穎且獨特的創意養生之道，讓人垂涎三尺之外，我更想要關心吃得健康與美味這件事，而且迫不及待的想要分享給親朋好友和全校師生。3 年了，終於等到這本張政師傅設計的食譜《四季日日五行，五色五味的好食養》，以他在餐飲技藝的專業和他敬業樂業的生活態度，我相信並且極具信心的推薦這本書。期待您擁有美滿的生活和健康的人生，就從注重飲食開始吧！

莊敬高職董事長　王傳亮

# 融合節氣與文化智慧的食，能療癒身心

剛認得張政，隱約看他有股「含貴」、「識食」之氣韻，認得久了，才知道他出生於上海，成長於澳門，生活於台北……他承傳父輩及這三個依海明珠的城市！難怪奠定了他的「底蘊」，並顯影在他的臉上，是並不足為奇了！二十四節氣，在咱們中國老祖宗從春秋時代就開始運行，分行於農務與養生，而這樣的智慧結晶，成就了之後炎黃子孫兩千五百多年的綿延！

雖然現在科學、醫學的進步，都非過去能同日而語，但凡忽略節氣與我們生活，保健節奏者，其身體狀況的不適與周身文明病…就是其需所付之代價！現在與美食有關雜誌報刊上的專欄、電視網路上的節目或報導，其文化沒有不說，其內涵亦嚴重厥如！常看到一些小丑型的人物主持當道，沒深度、沒文化，甚至可用沒知識來形容他們，我常嘆，難道這些是後現代化的產物？

而張政老師告訴我，他希望將他父母之輩所傳的些「節氣」概念，結合他專業廚師的經驗，整理在他的新書裡，我亦興奮、亦期待、更鼓勵的樂觀其成！這種秉承文化智慧的廚藝大師，足以為其他同業之模範。

我期待著這本食譜著作《四季日日五行，五色五味的好食養》，讓大家看到除了食養還能「美其味，調其酥」！為盼！

美食家　梁幼祥

# 五行料理幫助你吃出健康與活力

中華美食交流協會是目前台灣餐飲界最大的團體，1989 年，一群餐飲美食界同好，因緣俱足，組團參加國外烹飪研討會，回國後為了提升台灣美食文化，號召各地餐飲業者努力推動成立「中華美食交流協會」，於 1992 年經內政部許可立案。

張政師傅在中華美食交流協會歷經兩屆理事，來自澳門、香港的他，熱心且專業，在協會中每每付出關心，也積極參與每屆的中華美食展和其他活動，包括高雄海洋美食展、五一勞動節百大名廚為台灣食安把關的宣誓大典及每年的廚師節活動等，認真、負責、專業、進取的他，也連續兩屆獲選擔任理事。

中華美食交流協會長年致力產業交流，積極舉辦參訪及學習活動，這次能看到張政師傅出刊四季五行養生食譜，將專業與創意養生料理透過出版的平台，廣泛宣導，本人感到非常開心且樂觀其成，僅代表中華美食交流協會表示支持與祝賀。

創新廚藝、深耕本土、發展台灣美食、發揚國際，是每位中華美食交流協會成員的使命，張政師傅從五星級飯店主廚走進校園傳承技藝，已經是深耕餐飲美食的實際表現了，這次能將經驗與研究出版成書，推廣健康飲食概念，真是值得鼓勵與推薦，期盼張政師傅這本《四季日日五行，五色五味的好食養》能帶給更多人在飲食上的建議，吃出健康與活力。

中華美食交流協會理事長

003 推薦序 王傳亮

004 推薦序 梁幼祥

005 推薦序 郭宏徹

010 從「吃」，愛護身體、照顧家人
　　——張政的廚藝之路

016 五行與食療的關係

022 找出你的五行屬性

026 料理基礎提醒

目錄 Content

## Chapter 1

## 食・春

032 當令食材介紹

034 百合燴三鮮

038 山藥排骨湯

041 涼拌黑木耳

043 五行蔬菜湯

045 銀耳排骨湯

046 京醬肉絲菠菜

051 胡麻醬高麗菜捲

053 黃豆芽排骨湯

055 彩椒炒牛肉

057 番茄排骨湯

058 豆腐燒鮮魚

063 蕈菇排骨湯

068 當令食材介紹

071 蔬菜雞肉凍

072 烏梅番茄盅

077 黃豆燉五花肉

079 甘蔗滷豬腳

080 苦瓜釀鮮肉

085 蓮藕排骨湯

087 菱角炒腩肉

089 魚香釀茄子

091 海鮮絲瓜麵

093 麒麟燴冬瓜

094 焗烤茭白筍

099 桂花拌南瓜

Chapter 2

食 · 夏

104 當令食材介紹

107 銀耳燉蓮子湯

109 百合炒鮮蝦仁

111 烏梅苦瓜片

113 無花果燉排骨湯

114 芙蓉燴秋蟹

118 金沙炒麻筍

123 煎釀三寶

125 紅蟳紫米糕

127 櫻花蝦絲瓜

128 桂花蓮藕

133 核桃炒魚片

135 綠豆薏仁湯

Chapter 3

食 · 秋

140 當令食材介紹

143 匈牙利燉牛肉

145 蟹肉燴芥菜

147 百香果虱目魚

149 清燉羊肉

151 芋頭燜鴨肉

153 七彩炒鴨絲

154 翠玉白菜獅子頭

159 菠菜雞肉片

161 黑豆燉豬腳

163 清燉牛肉湯

165 什錦海參煲

167 芥蘭炒臘味

Chapter 4

食・冬

173 和風八仙蔬果

174 玉環五味蝦塔

179 芝麻酥餅東坡肉

181 椰子清蒸石班

183 臘味稻香油飯

185 珍寶佛跳牆

187 水梨銀耳燉雞湯

188 百花釀香菇

193 髮菜白果海參

194 芋泥香酥鴨

199 鳳梨椰醬西米露

201 抹茶紅豆椰子糕

Chapter 5

食・私

在做料理之前

## 張政的廚藝之路

# 從「吃」，愛護身體、照顧家人

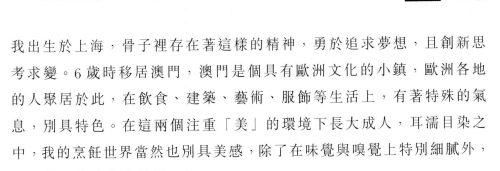

「海納百川、追求卓越」
——這是上海城市的精神。

我出生於上海，骨子裡存在著這樣的精神，勇於追求夢想，且創新思考求變。6歲時移居澳門，澳門是個具有歐洲文化的小鎮，歐洲各地的人聚居於此，在飲食、建築、藝術、服飾等生活上，有著特殊的氣息，別具特色。在這兩個注重「美」的環境下長大成人，耳濡目染之中，我的烹飪世界當然也別具美感，除了在味覺與嗅覺上特別細膩外，在視覺的敏感度也獨樹一格。

## 來自幼年的「食」知識

從小，我就喜歡下廚，加上奶奶的疼愛，雖然生於文化大革命十年浩劫的時代，但長輩們有些祖傳秘方和私藏小點都會給我特別的關照，6歲時，我就知道吃枸杞對眼睛好，益睛明目，黃耆能補氣，蘿蔔是窮人家的人參，絲瓜水是美人水⋯⋯這些關於食材特性的二三事，自小便深植在腦袋裡。

媽媽常牽著我的手去逛家裡的花園，走到池塘邊時總停下來跟我說：「阿政，要變聰明，就要多吃魚，味道鮮美有營養，鈣質豐富長高高。」有一次，我自己跑去撈魚，然後進廚房把池子裡的一條錦鯉給煮了！永遠記得那一幕……奶奶掀起鍋蓋，瞪大眼說：「阿政要當名廚啊！那錦鯉是觀賞魚，不能煮來吃！」至今，除了奶奶說的「阿政要當名廚」外，我只依稀記得那錦鯉的美。

這些來自幼年時的感官記憶與情緒記憶，促使我對食材更有研究的精神，總是好奇地想了解食材的營養成分與食材的特性，對人體的五臟六腑有什麼幫助，要如何才能走出一條屬於我的廚藝之路。

## 廚師除了要會吃，也要飽讀詩書

16 歲那年，我告訴我的父母：

「人類就算是上了月球，科學就算再先進，只要是人，無論如何總是要『吃』。」

我用這段話，說服了我那腦子裡認為唯有讀書才能成大器的父親。我的父親畢業於上海名校復旦大學，他很難接受我走入廚藝的世界，尤其必須從學徒做起，對他是晴天霹靂。

大部分的人認為當廚師不用讀書，其實這觀念是需要調整的，因為廚

師對生活飲食的知識與常識必須通透理解且豐富。經歷了家庭革命，最後在我的堅持和奶奶的支持下，終於可以實踐夢想，走入屬於我的廚藝世界。我珍惜這得之不易的機會，下定決心，要用真心和信心踏入餐飲這個行業；於是，我 19 歲那年，自費考入香港大學餐飲系附設的進修課程，正式專研在餐飲這條路上，尤其是粵菜方面。

三年內，我完成人生的幾項階段性目標，之後更進入許多五星級飯店，擔任主廚的工作，其中包括：香港海港大酒樓、九龍聯邦大酒樓、澳門海城大酒店、荷蘭中國城大飯店、泰國芭堤雅大飯店等。遊走各國，吸取各個國家在廚藝創作上的經驗，希望給自己機會求創新求變化。

## 在頭銜與賽事中尋找自我

1992 年我受邀來到台灣工作，進駐台中全國大飯店擔任主廚，一年後至凱悅大飯店（現在的君悅飯店）擔任宴會部主廚，之後至京華城巨星尊爵會館擔任餐藝總監等工作，這些五星級飯店主廚的工作雖然能滿足我在餐飲領域中的領導慾望及豐盈的物質需求，但我總感到自己的未來仍是受侷限的。

我開始參與許多職業廚藝的國際競賽，2007 年獲得台北廚王爭霸賽個人熱炒比賽優勝，2013 年獲頒台灣菁英名廚，同年榮獲中華之聲海峽兩岸十大名廚的殊榮，2014 年也在新台灣料理名廚名人錄中發表作

品，其中以五行，木、火、土、金、水為主題，用創新的思維掌握這注重養生的時代趨勢，引領「養生即美食、食安即保健」的風潮，持續研發養生料理美食。

其實，只要一步一腳印，按照步驟來，人人都能料理出絕佳美味！料理沒有捷徑，從基本開始，不求快、不省料，掌握食材特性，練習廚藝技巧，按部就班從高湯和基本刀法做起，料理中不使用化學添加物，這就是絕佳美味的秘訣。

## 從五星級主廚變成校園專任老師

經歷了多年五星級飯店主廚的工作和多次廚藝競賽後，還是無法滿意自己在烹飪世界裡的狀態。「到底還能再挑戰些什麼？在料理的創意上還能有什麼突破？」──是我每天思索的問題。縱使廚房裡的瑣事再累人、再消磨，我依然對當初的理想充滿熱情，於是，我毅然決然地從五星級飯店走入校園傳承技藝。

2014 年我放棄了優渥的薪資及前往紐約工作的機會，踏入校園，進行廚藝傳承的使命。每每教導孩子們學習一道料理，就能感到自己的生命是很有意義的！我很感謝我現在任教的莊敬高職董事長，王傳亮先生，在廚藝教學的這條路上，他認同我的理念，給我完全的支持與鼓勵，他給予學生最完善的學習場地，每間廚藝教室都是國家廚藝檢定考場級的

設備，學生在這樣的環境下學習，都能得到最正規的訓練課程。

## 用平底鍋、電鍋、愛心，吃出健康和美味

要能享受美食，更要能吃得健康。2016 年的美食展「台灣純真食代」中，我參與台灣百大名廚宣誓大會，為台灣的食安把關盡一份心力，在那天的宣誓典禮後，我許下了心願，希望健康飲食的觀念能傳遞給更多的人，因此，我整理了多年對食材的研究，提供了四季五行養生創意料理食譜讓大家參考，用最純真的食材、最簡易的廚具：一個平底鍋、一個電鍋，就能守護全家人的健康。

人體是個小宇宙，四季是時間、五行是空間，配合著時序的變遷，吃最新鮮當季的食材，必能吃出健康與美味。

我來自上海、澳門，但我最愛台灣，台灣是個美麗的寶島，能幫助這裡的人擁有廚藝精進的秘笈，又能吃出健康與活力，這是我最開心的事，希望以這種愛台灣的表達方式，讓更多人從「吃」開始保養身體。最後，要提醒大家，料理中有一種最最重要的調味料，叫作──「愛心」，我家裡有位大廚的大廚，對廚藝一竅不通，但做出來的菜餚美味可口，因為每道菜都講求健康，都放了「愛心」。只要懷抱著「愛」做每一件事，生活一定會變得更美好。

張政

# 五行與食療的關係

所謂五行，即──「木、火、土、金、水」，最重要的是「相鄰相生」與「相隔相剋」，木生火，火生土，土生金，金生水，水生木，這是相生助益；相剋也很好記，水來土掩，所以土克水、火來水滅，則水克火、真金不怕火鍊，火克金、木靠金雕，金克木、而木在土上生長，木克土。在天地之中，各種物品皆有各自的五行，當五行不平衡時，五行之間的沖剋力量大，就影響一個人的生活作息、個性、脾氣、身體狀況及心情反應。反之，五行較平衡時，諸事平順、生活狀態也順遂如意。

了解自己的八字五行，是便於自己趨吉避惡，同理，若能對食物的屬性有所認知，那要能吃出健康，吃出活力也就更為容易了。一個人的健康狀態取決於每日攝取的飲食，而飲食是否均衡，則決定了五臟六腑能否正常健康運行。

「命中若有終須有，命中若無莫強求」這是對生命的一種尊重與妥協，但生活可不一樣了，要選擇過什麼樣的日子，其實大都掌握在自己手中，簡單、平凡是一種選擇，繁複、華麗也是一種選擇，拿食物做比喻，蘿蔔與人參價格差別甚大，哪個比較營養？吃哪個好？這就沒有一定了，必須看個人的體質屬性及食物如何被搭配；蘿蔔在潮汕地區被俗稱菜頭，秋冬

的時令蔬果，有數百種料理方式，但就不能與人參一起燉煮，蘿蔔化氣、人參養氣；人參被稱為「百草之王」，是聞名遐邇的東北三寶、馳名的名貴藥材，縱使昂貴，仍有些人不適合食用，孕婦就不能食用，食用不當亦會產生心悸、頭疼、失眠等狀況。

因此，食材的運用不在價格，而在食材本身的價值，而這與我們個人的身體體質屬性有相當密切之關係，吃出活力與健康，必須了解自己，了解食物的特質，五行和諧與否直接關乎身體的運作狀態，一不平衡，身

體則會發出徵狀，所以了解五行食材是根本養身之道，養生五行食譜自
然能協助您吃出健康。

## |四季 V.S. 五行|

根據《黃帝內經》中說，綠色養肝，紅色補心，黃色益脾胃，白色潤肺，
黑色補腎，用食物的顏色辨別五行屬性是最容易的，「食物分陰陽，五
味入臟腑，廚房及藥房，不勞醫生忙」，人體是小宇宙，心肝脾肺腎之
運作，應著天地五行，木火土金水。一年之中，春、夏、秋、冬依次循環，
氣候則是由溫變熱，轉而為涼，再進而為寒，自然萬物也依次生、長、收、
藏，得以生生不息。可研究或學習中醫的人都知道，一年有五季，才可
對應到木火土金水之五行。

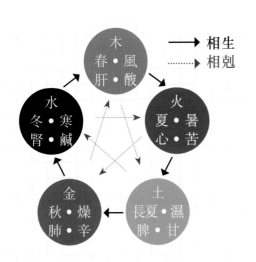

「春養肝，夏養心，長夏養脾，
秋養肺，冬養腎」，過與不及皆
非養生之道，營養要能均衡，才
能保持健康，若偏食的只喜歡吃
特定的食物，都不是正確的飲食
習慣，例如：女性對含鐵的食物
攝取需要量較其他營養素高，但
不能因此只攝取紅色食物，綠色
食物之纖維質含量是較高的，想

要瘦身者要多攝取。而黑色食物含鈣磷鐵等礦物質成分較高，是補腎的營養素，然而腎是生命之泉，所有營養靠腎臟匯集疏導，所以也不能缺乏。除此，白色的食物可提高免疫系統功能，黃色食物則酵素含量高。

五色蔬果在四季五行中各具不同功效，所以五行是協助我們了解食材的營養成分，而非只吃哪些屬性之食物來攝取，均衡營養才是最重要的；某些食材看似調味，卻能促消化、增食慾，還具有許多對五臟六腑的助益，五行直關身體的相應症狀，以下表格提供參考：

| 季節 | 時間 | 對應五行 | 對應臟腑 |
|---|---|---|---|
| 春天 | 農曆 1~3 月 | 木 | 肝 |
| 夏天 | 農曆 4 ～ 5 月 | 火 | 心 |
| 長夏 | 農曆 6 月 | 土 | 脾 |
| 秋天 | 農曆 7~9 月 | 金 | 肺 |
| 冬天 | 農曆 10~12 月 | 水 | 腎 |

| 五行 | 顏色 | 臟腑 | 屬性 | 代表食材 |
|---|---|---|---|---|
| 木 | 綠 | 肝 | 味酸，能補肝益筋，養心明目 | 綠豆、奇異果、芥蘭、菠菜、絲瓜、大黃瓜、山苦瓜 |
| 火 | 紅 | 心 | 味苦，能補心，益血脈，養脾除肝病 | 紅豆、紅椒、紅棗、蓮子、胡蘿蔔、枸杞、茄子、紫山藥 |

| 五行 | 顏色 | 臟腑 | 屬性 | 代表食材 |
|---|---|---|---|---|
| 土 | 黃 | 脾 | 味甘，能補脾，益肌肉，養肺主四肢，能提升免疫力對肺及喉部有幫助 | 甘藷、龍眼、香蕉、甘蔗、南瓜、黃豆芽、黃甜椒、蓮藕、芋頭、薏仁 |
| 金 | 白 | 肺 | 味辛，能補肺，益皮膚，養顏除脾病，有助於呼吸系統及腸胃 | 生薑、白蘿蔔、白木耳、杏仁、山藥、百合、高麗菜、冬瓜、蘑菇、金針菇、水梨 |
| 水 | 黑 | 腎 | 味鹹，補腎養肝，除肺癌 | 黑海帶、香菇、黑芝麻、黑木耳、髮菜、烏梅 |

## 春與五行（木）

春天養肝，也是減肥排毒的最佳時節，要多吃綠色食物。適合清淡新鮮之食材。

- 五穀根莖類：種子、菜豆、甘薯、百合、山藥…
- 蔬菜類：菠菜、芹菜、萵苣、香菜、綠豆芽、黃豆芽、絲瓜、冬瓜、黃瓜、蕈菇、木耳、銀耳…
- 盛產食材：蘿蔔、高麗菜、芹菜、菠菜、萵苣、芥菜、花椰菜、番茄、甜椒…

## 夏 長夏與五行（火、土）

夏天養心，長夏養脾，應食用紅色與黃色之食物，保護心臟、滋養脾臟。適合補益陽氣和津液之食材。

- 五穀根莖類：蓮子、涼薯、菱角、蓮藕…

- 蔬菜類：甘藷葉、茄子、扁蒲、南瓜、龍葵、萵苣、芹菜、莞菜、冬瓜、苦瓜、西瓜、絲瓜、黃瓜、胡蘿蔔…
- 水果類：甘蔗、蘋果、番茄、葡萄、桑椹…
- 盛產食材：山芹菜、甘藷、甘藷葉、空心菜、茄子、扁蒲、紅豆、絲瓜、冬瓜、大黃瓜、黃秋葵、茭白筍…

## 秋 與五行（金）

秋天養肺，應食用白色食物，滋養氣管。適合養肺平補之食材。

- 五穀根莖類：小麥、小米、大麥、蕎麥、百合、核桃、黃豆、綠豆、芝麻、薏仁、芡實、山藥、黑芝麻…
- 蔬菜類：山藥、萵苣、橄欖、銀耳、百合、木耳…
- 水果類：檸檬、梨子、奇異果、甜橙、金桔、柚桔子、烏梅…
- 盛產食材：蓮藕、芥菜、芥蘭葉、甜椒、茄子、扁蒲、苦瓜、小黃瓜、胡瓜、竹麻筍…

## 冬 與五行（水）

冬天養腎，應多吃黑色食物，補充腎氣。適合溫補貿陽之食材。

- 全穀類：糙米、糯米、小麥、小米、黑豆、芝麻…
- 蔬菜類：木耳、蓮藕…
- 盛產食材：蘿蔔、大蒜、高麗菜、包心白菜、芹菜、菠菜、萵苣、芥菜、花椰菜、青江菜、番茄、青椒、翠玉白菜…

# 找出你的五行屬性

木・酸　　火・苦　　土・甜　　金・辛　　水・鹹

五行所涵蓋的範圍很大，包括性格、運勢、健康等等，要知道自己的五行，最容易即是上網查尋，確認自己的五行之後，就可知道自己命中最旺的五行，以通論來說，命格中木旺者嗜酸，火旺者嗜苦，土旺者嗜甜，金旺者嗜辛，水旺者嗜鹹，但多食總不好，這五味若是偏好哪一味，切記要能協調與平衡，例如水旺的人，會比其他人重鹹，就要提醒自己減少鹹的攝取。

此外，除了自身口味的喜好，關於五行的養生食療，也可從個人的八字五行、四柱中的其中兩柱——月柱、日柱，來斟酌自己的飲食養生，方法是查出自己月柱地支和日柱天干，以月柱地支的五行對上日柱天干的五行便可知曉；其中，日柱的天干又稱作「本命元神」、「本氣」，是八字最重要的中心，代表著一個人的基本「磁場、磁性」，因此必須特別留意。那麼，月柱地支和日柱天干該如何判別呢？以下教你如何簡單算出。

## Step1 用農曆出生月算出你的月柱地支

月柱是以十二節氣為準，天干每年有些微不同，但地支固定不變，不同的月柱各有其代表的五行屬性，農曆正月、二月是木旺的月份，四月、五月是火旺（端午節），七月、八月是金旺的月份，十月、十一月是水旺月份，三月、六月、九月、十二月是土旺的月份。

| 月份 | 1 | 2 | 3 | 4 | 5 | 6 | 7 | 8 | 9 | 10 | 11 | 12 |
|------|---|---|---|---|---|---|---|---|---|----|----|----|
| 月柱地支 | 寅 | 卯 | 辰 | 巳 | 午 | 未 | 申 | 酉 | 戌 | 亥 | 子 | 丑 |
| 五行 | 木 | 木 | 土 | 火 | 火 | 土 | 金 | 金 | 土 | 水 | 水 | 土 |

### Step2 用國曆生日算出你的日柱天干

日柱天干的算法較為複雜，通常是直接於萬年曆或者上網查詢。這裡介紹特殊的公式來算出你的日柱天干。

**(a) 首先，先求出 X**

$X = [(Y - 1900) \times 5.25 + D + 9.25] \div 60$ 的餘數的整數部分

若餘數的整數部分為 0，則 X = 60

Y= 國曆出生西元年　　D= 出生日為出生年的第幾日（以國曆計）

**(b) 由 X 對照日柱的天干**

天干數 = X 的個位數，若 X 的個位數為 0，則天干數為 10，對應為水。

| 數字 | 1 | 2 | 3 | 4 | 5 | 6 | 7 | 8 | 9 | 10 | 11 | 12 |
|------|---|---|---|---|---|---|---|---|---|----|----|----|
| 天干 | 甲 | 乙 | 丙 | 丁 | 戊 | 己 | 庚 | 辛 | 壬 | 癸 | 子 | 丑 |
| 五行 | 木 | 木 | 火 | 火 | 土 | 土 | 金 | 金 | 水 | 水 | 水 | 土 |

**【舉例】**

假設你是國曆生日是西元 1988 年 3 月 12 日

Y = 1988

D = 31 + 29 + 12 = 72　（1 月有 31 日、2 月有 29 日（閏年）、3 月第 12 日）

$X = [(1988 - 1900) \times 5.25 + 72 + 9.25] \div 60$

　　$= (88 \times 5.25 + 72 + 9.25) \div 60$

　　$= (462 + 72 + 9.25) \div 60$

　　$= 543.25 \div 60$

　　= 9，餘 3.25

X = 餘數的整數 3，個位數 3，對應火

$$\begin{array}{r} 9 \\ 60 \overline{)543.25} \\ 540 \\ \hline 3.25 \end{array}$$

圖例：直試算法

算出你的月柱地支和日柱天干之後，就可以知道關於飲食的五行養生法！
會有兩種可能：

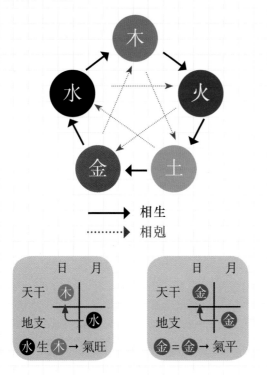

相生

相剋

## ❶「氣旺、氣平」

如果你的月柱地支和日柱天干是相生（氣旺）或相同（氣平），則表示出生時的磁場與大自然相合，屬「氣旺」，無需補氣，有時反而需要洩氣，以求平衡。舉例來說，月柱地支屬水、日柱天干屬木，則水生木，本身氣旺，可適當補充火的食材；又假設月柱、日柱皆屬金者，則宜吃屬水之食材。

## ❷「氣弱」

如果你的月柱地支與日柱天干不相同，亦不相生，則必須補強所屬五行的營養，因為在出生時屬「氣弱」，較不逢時節，那麼你應該補本氣（日柱五行）來做加強，達到平衡。舉例來說，你月柱屬火，日柱屬木，火不生木，屬氣弱，應該多吃木的食材，來補強你的本氣。

由右表可見，絕大多數的組合多屬氣弱，因此大部分人會選擇補強自己的本氣（日柱天干），舉例來說，你需要補火，應多吃一點紅色食材及苦味的食物，但並非一直吃番茄（屬火）或苦瓜（苦味），而是在注重均衡的前提下去做補充，例如在番茄蔬菜湯中，番茄的份量可再多加一些。還是要強調，五行是用來提醒自己，隨時隨地都要注意平衡與協調，這本書依春、夏、秋、冬，四季當令的食材為主，為每個季節各提供了最適合當季享用的 12 道料理，讀者可再依自身的五行狀況參考選用！

只要吃對了，必能享受到老天爺給的恩典，希望每一位讀者都能從每一天的餐桌上，獲得健康。

## 個人養生補氣對照表

| 月柱地支 | 日柱天干 | 氣 | 需補之五行 |
|---|---|---|---|
| 木 | 火 | 氣旺 | 補土 |
| 木 | 土 | 氣弱 | 補土 |
| 木 | 金 | 氣弱 | 補金 |
| 木 | 水 | 氣弱 | 補水 |
| 木 | 木 | 氣平 | 補火 |
| 火 | 木 | 氣弱 | 補木 |
| 火 | 火 | 氣平 | 補土 |
| 火 | 土 | 氣旺 | 補金 |
| 火 | 金 | 氣弱 | 補金 |
| 火 | 水 | 氣弱 | 補水 |
| 土 | 木 | 氣弱 | 補木 |
| 土 | 火 | 氣弱 | 補火 |
| 土 | 土 | 氣平 | 補金 |
| 土 | 金 | 氣旺 | 補水 |
| 土 | 水 | 氣弱 | 補水 |
| 金 | 木 | 氣弱 | 補木 |
| 金 | 火 | 氣弱 | 補火 |
| 金 | 土 | 氣弱 | 補土 |
| 金 | 金 | 氣平 | 補水 |
| 金 | 水 | 氣旺 | 補木 |
| 水 | 木 | 氣旺 | 補火 |
| 水 | 火 | 氣弱 | 補火 |
| 水 | 土 | 氣弱 | 補土 |
| 水 | 金 | 氣弱 | 補金 |
| 水 | 水 | 氣平 | 補木 |

# 料理基礎提醒

在開始進入料理製作前，張政師傅有些關於這本書的料理基礎秘訣要提醒你！現在，就跟著師傅的講解，讓你快速上手吧！

## 食譜中的份量拿捏

1(湯)匙　　1大匙　　1小匙　　1/2小匙　　　1量杯

## 油溫計量方式

- 低溫 80~100 度：鍋底有少部分細小泡泡。
- 中溫 120~150 度：木筷放入鍋中後，會冒出不少泡泡；或者食材丟入鍋內，往下沉到鍋底後便馬上浮起。
- 高溫 160 度以上：木筷放入鍋中時泡泡會冒得很快；食材丟入鍋內，還不到鍋底便快速浮起。

## 蝦泥腸的處理

將蝦剝除外殼之後，以刀輕輕劃入蝦背，便可輕鬆以手將蝦泥腸取出。

料理時口感較佳，不會有泥沙感。

## 螃蟹的處理

1. 螃蟹刷洗乾淨後，螯切下，用刀刃將其背殼與身體分開，用手剝除螃蟹的鰓。

2. 將螃蟹腳尖銳處切除（食用時較安全），再將螃蟹切塊。

3. 以刀將兩支螯拍碎，較好食用。但需注意勿拍得太碎，否則料理時碎殼易混入食材中。

4. 如料理時要放入背殼，可用刀刃切斷背殼凹槽處，料理時較為方便。

# Chapter 1
## 春季五行料理

# 食・春

- 百合燴三鮮
- 山藥排骨湯
- 涼拌黑木耳
- 五行蔬菜湯
- 銀耳排骨湯
- 京醬肉絲菠菜
- 胡麻醬高麗菜捲
- 黃豆芽排骨湯
- 彩椒炒牛肉
- 番茄排骨湯
- 豆腐燒鮮魚
- 蕈菇排骨湯

# *Spring* 春

春天是調養身體最好的季節，大地回春，在這季節裡萬物充滿生機，對我們的五臟六腑亦是滋養的最好時機，而春季屬木，對應到肝臟，所以春天養肝要多吃綠色食物；本食譜中示範的菠菜、高麗菜、彩椒都是營養價值極高的養肝食材。此外，春天也是減肥排毒的最佳時節，菠菜、高麗菜、番茄，都是減重排毒的重要食材。

如前所述，春天是萬物生長的好時節，這時間可多多攝取鈣質量高的料理，把握好成長的機會。另外值得一提的是，雖然木在五味屬酸，但肝氣逢春勃發，反而應該「少食酸、多食甘，以養脾氣」，才不會因為木（肝）剋土（脾胃），而造成脾胃過於虛衰、腸胃不適。

# 季節推薦食材

## 1. 菠菜／木

含維生素 A、B、C、D、胡蘿蔔素、蛋白質、鐵、磷、草酸等；維生素 B2 可幫助身體吸收其他維生素，而充足的維生素 A 可以防止感冒，因含鐵較多也有補血、止血效用。值得一提的是，菠菜中所含的胡蘿蔔素含量高於胡蘿蔔，多吃可預防眼疾發生。冬末春初身體開始走肝、腎經絡，建議多吃深色蔬菜，可讓氣血更通暢。

## 2. 番茄／火

俗諺說：番茄紅了，醫生的臉就綠了！番茄對人體有益，多吃番茄可增進健康。番茄中的茄紅素含量是所有蔬果中最高，有助於延緩老化；所含的類胡蘿蔔素、維生素 C 則可增強血管功能、預防血管老化，且每天吃 2 顆番茄（約 300g），就可滿足體內一天維生素 C 的需求。

## 3. 黑木耳／水

又稱雲耳、木耳，黑木耳的營養價值相當高，有「血管清道夫」之稱，可預防心血管疾病，黑木耳的營養價值高於白木耳，可幫助腸胃蠕動，有助於解決便秘症狀，也能保護腸胃、美容養顏與強化免疫能力，黑木耳具有活血功效，因此女性應避免在生理期食用。

## 4. 高麗菜／金

高麗菜入脾胃經，含有的維生素 U 是抗潰瘍因子，並具有分解亞硝酸胺的作用，常吃可促進胃黏膜修復、保養腸胃；吲哚（indole）能改變雌激素的代謝、降低乳癌風險；異硫氰酸鹽，可降低致癌物的毒性，有效預防肺癌及食道癌。

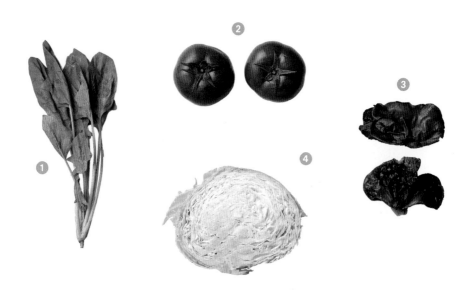

### 5. 彩椒／木、火、土

五彩豔麗的甜椒，含豐富的維生素 A、B、C、多種礦物質等營養素，也是蔬菜中維生素 A 和 C 含量最高也最具抗氧化作用的。紅甜椒可抗白內障、心臟病和癌症，青椒可排毒抗貧血，黃椒能增強抵抗力。

### 6. 豆腐／金

含有多種營養物質，主要是蛋白質和鈣鎂等金屬元素，還有其他豐富的優質蛋白及大豆異黃酮，不但能降低體內膽固醇，還有助於神經、血管、大腦的發育生長。

### 7. 山藥／金

山藥被稱為天然的荷爾蒙，因為含有雌激素的前驅物質，跟女性荷爾蒙相像，有助改善更年期不適、養顏美容。山藥又稱為淮山、長薯，性平微溫，味甘，無毒，能健脾胃、補肺腎，主治泄瀉、消渴、虛癆、咳嗽，小便頻仍等多種症狀。

### 8. 黃豆芽／土

黃豆芽味甘，性涼，入脾、大腸經，具有清熱名目、補氣養血、防止牙齦出血、心血管硬化、低膽固醇等功效。營養成分包括維生素 B2、C、E，其中的硝基、磷酸酶，可以減少癲癇發作。

### 9. 香菇／水

香菇素有菇中之王或是菇中皇后的美稱，是低熱量、高蛋白、高纖維的營養食物，可促進體內膽固醇排除；香菇也是多醣的抗癌物質，核糖酸可刺激人體，達到抑制病毒的增殖作用。

### 10. 百合／金

百合味甘微苦、性平，入肺經，有潤肺止咳、清心安神的功效。其含有蛋白質、脂肪、碳水化合物、維生素 B、C、E，以及鈣、磷、鐵、鉀等礦物質，有報告顯示百合含有大量維生素 B2，可預防口角炎。

百合燴三鮮

百合在五行中屬金，能潤肺、止咳、安神、抗疲勞、美容養顏、防老，可用於關節痛的輔助治療，營養價值高，滋補腎陰、補肝、明目、強健筋骨。

●材料
魷魚 100g、蝦仁 100g、薑 10g、百合 50g、小黃瓜 20g、蔥 1 支、香菇 2 朵、鯛魚片 100g、彩椒 100g、太白粉水 1/4 匙

●調味料
米酒 1/4 匙、糖 1/4 匙、鹽 1/4 匙、胡椒粉 1/4 匙、沙拉油 1 匙、香油 1/3 匙

●作法
1. 蔥切段，薑、辣椒切小片，備用。
2. 魷魚切斜刀花紋、鯛魚切斜塊、蝦仁背去腸、彩椒切菱形塊、香菇和小黃瓜切片。
3. 將作法 2 切好的材料分別川燙備用。
4. 鍋內倒沙拉油、爆香蔥、薑、辣椒，加米酒、調味料與所有材料翻炒。
5. 最後加入太白粉水稍微拌炒，起鍋前加香油即可。

師傅小提醒：
川燙時，建議將蔬菜與肉類、海鮮類分開，先川燙蔬菜、再川燙生鮮，如買到不新鮮食材可避免細菌傳染，也較能維持食材原味。

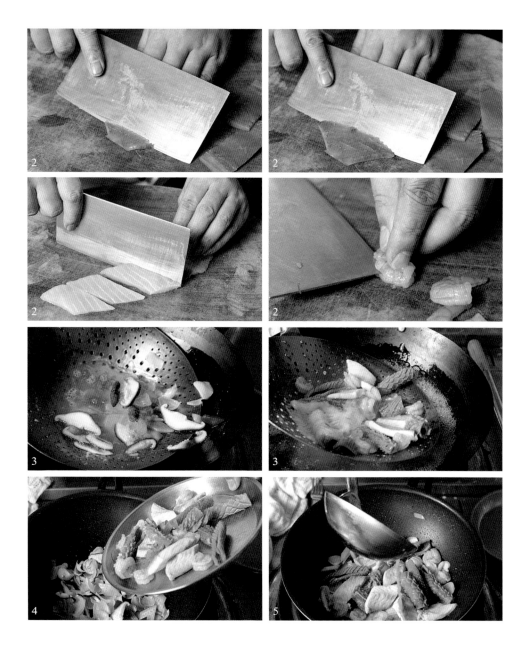

# 山藥排骨湯

山藥在五行中屬金，滋養肺、鼻、呼吸系統，是藥食同源的食材，在台灣一年四季都能取得。春天是萬物生長的季節，應該好好利用此時機保健養生，山藥排骨可以幫助鈣質吸收，促進骨骼成長，更能抗癌增強抵抗力！

## ●材料

腩小排 300g、山藥 200g、枸杞 20g、

薑 20g、南北杏 10g、紅棗 10 粒、蓮子 10g

## ●調味料

海鹽 1 匙、胡椒粉 1 匙

## ●作法

1. 腩小排切小塊（約 3~5cm）後，川燙備用。

2. 山藥削皮、切塊，薑去皮切片。

3. 將川燙好的排骨加其餘所有材料，鍋內加 1000cc
   清水，外鍋加 1 杯水，入電鍋蒸 90 分鐘。

4. 最後加入調味料即可。

# 涼拌黑木耳

黑木耳在五行中屬水，為養腎最簡易的食材，亦能護肝、護膚，可強化骨骼、牙齒、預防貧血、增強抵抗力，膳食纖維有效減少體內對脂肪的吸收，卵磷酯可預防脂肪肝的發生與肝臟機能退化。

●材料

黑木耳 100g、紅蘿蔔 50g、西芹 50g、

香菜 10g、蒜頭 10g、辣椒 1 支

●調味料

糖 1/2 匙、鹽 1/3 匙、胡椒粉 1/4 匙、

果醋 1 匙、香油 1 匙、味醂 1 匙

●作法

1. 蒜頭、辣椒切小片，備用。

2. 黑木耳、紅蘿蔔、西芹切菱形塊，川燙，過冷水後撈起瀝乾。

3. 將所有材料放入容器中，加調味料，再放入冰箱，半天後即可取出享用。

# 五行蔬菜湯

材料包括：高麗菜、紅蘿蔔、番茄、青木瓜、水梨、香菇、綠豆芽，高麗菜在五行中屬木、紅蘿蔔屬火、水梨屬金、青木瓜屬金、豆芽屬土、香菇屬水，五行蔬菜湯滋養我們的五臟六腑，能達到營養均衡的目的。

● 材料

高麗菜 150g、番茄 50g、青木瓜 100g、紅蘿蔔 50g、水梨 30g、綠豆芽 30g、柴魚片 10g、香菇 5 朵

● 調味料

鹽 1 匙、胡椒粉 1 匙

● 作法

1. 青木瓜去籽，切塊；高麗菜洗淨切段，備用。
2. 紅蘿蔔、水梨削皮切塊，番茄切塊，香菇切片，備用。
3. 鍋內裝水 2500cc，倒入所有材料，放入電鍋，外鍋加 1 杯水煮 90 分鐘。
4. 最後加調味即可。

# 銀耳排骨湯

銀耳在五行中屬金，可提高肝臟解毒能力，亦能保肝。銀耳富含維生素 D，能預防鈣質流失，對生長發育很有幫助。銀耳更是菌中之冠，是延年益壽的聖品。

●材料

小排骨 300g、紅棗 110g、玉米 50g、銀耳 50g、枸杞 10g、南北杏 10g、雞腳 6 支、薑 20g、水梨 1 顆、紅蘿蔔半條

●調味料

海鹽 1 匙、胡椒粉 1 匙

●作法

1. 雞腳去除尖爪部分，備用。乾銀耳泡水泡發，備用。

2. 水梨削皮去籽切塊、紅蘿蔔削皮切塊狀，備用。

3. 排骨切小塊，川燙後備用。

4. 鍋內加入所有材料、清水 1000cc，放入電鍋，外鍋加 1 杯水煮 90 分鐘。

5. 最後加入調味即可。

師傅小提醒：

・乾燥白木耳要充分清洗和浸泡。

・白木耳不好消化，容易引發腸阻塞，消化功能較差的人少吃些。

京醬肉絲菠菜

菠菜在五行中屬木，能養肝、護眼、保護腸胃道、增強抵抗力、補血，有效預防中風，菠菜可以促進細胞增殖，可抗老、增強肌膚活力，且容易消化，適合小孩及老人食用。

●材料
豬里肌 250g、菠菜 150g、
蔥末少許、蒜泥少許、薑泥少許、
太白粉水少許

●醃料
醬油 1/2 匙、糖少許、水 2~3 大匙、
紹興酒 1 大匙、太白粉 1 大匙、

●調味料
甜麵醬 2~3 大匙、紹興酒 2 大匙、
醬油少許、糖少許、麻油少許

●作法
1. 豬里肌切絲，入醃料醃 15 分鐘。
2. 菠菜切段後川燙，蓋上鍋蓋，待熟後撈起擺盤備用。
3. 鍋中放油，開中火加肉絲炒至半熟，取出備用。
4. 熱鍋，以小火將薑泥、蒜泥、蔥末爆香，放入甜麵醬炒香，加紹興酒、糖、水燒至滾。
5. 放入肉絲，轉大火翻炒，加入太白粉水、麻油，待水收乾起鍋。
6. 菠菜上鋪上炒好的肉絲即可上桌。

# 胡麻醬高麗菜捲

高麗菜在五行中屬木，在養肝方面的功效非常大，高麗菜的維生素含量豐富，菜葉中的維生素 U 可以提高肝臟功能，輔助蛋白質的合成，代謝肝臟的多餘脂肪，高麗菜亦可以增進食慾，促進消化，有利兒童生長發育。

●材料
高麗菜 300g、銀芽 50g、紅蘿蔔 50g、香菇 30g、
豬里肌 80g、胡麻醬適量

●調味料
米酒 1 匙、糖 1/2 匙、鹽 1/4 匙、太白粉少許、
胡椒粉少許

●作法

1. 紅蘿蔔、香菇切絲，豬里肌切絲，備用。

2. 高麗菜整片川燙，放涼備用。銀芽、紅蘿蔔絲、
   香菇絲、肉絲川燙熟，備用。

3. 開中火熱鍋，將燙熟的材料加入調味料翻炒，放涼。

4. 將炒好的材料包入放涼的高麗菜，以包春捲的方
   式包起。

5. 最後淋上胡麻醬，清爽可口。

# 黃豆芽排骨湯

春天是維生素 B2 缺乏症的多發季節，多吃黃豆芽可有效防治。黃豆芽在五行中屬土，含高膳食纖維，熱量較低，深受減重瘦身者喜愛，對脾胃濕熱及高血脂疾病患者來說，黃豆芽具食療作用，且營養豐富，味道鮮美。

● 材料

小排骨 300g、黃豆芽 150g、馬蹄 50g、枸杞 10g、
薑 20g、蒜頭 10g、大棗 15g

● 調味料

鹽 1 匙、胡椒粉 1 匙

● 作法

1. 小排骨切塊後，川燙備用。

2. 鍋內倒入 1000cc 水，加所有材料放入電鍋，
   外鍋加 1 杯水，蒸 90 分鐘。

3. 最後加調味即可。

# 彩椒炒牛肉

彩椒依照顏色有綠色、紅色、黃色、淡黃色、橙色、紫色等，營養價值高，春天的五行屬木，青椒可消肝火、滋養肝臟，比例上可多放一些。

## ●材料
牛肉絲 150g、彩椒 150g 、薑少許、蒜少許、
辣椒 1 支、鳳梨泥（用鳳梨心）少許

## ●醃料
醬油 1/2 匙、糖 1/2 匙、胡椒粉 1/2 匙、
太白粉 1/2 匙、蛋 1 顆、鹽 1/2 匙

## ●調味料
糖 1/2 匙、太白粉水 1/2 匙、醬油 1/2 匙、
香油 1/2 匙、蠔油 1 匙

## ●作法
1. 彩椒切絲、薑切絲、蒜切末、辣椒切小片，備用。
2. 牛肉絲加入醃料和鳳梨泥，稍微抓過，醃 15 分鐘。
3. 鍋中放油，醃好的牛肉絲過油至半熟，備用。
4. 以中小火熱鍋爆香薑、蒜、辣椒，加調味料、彩椒絲、牛肉絲，轉中大火翻炒均勻。

# 番茄排骨湯

番茄在五行中屬火，能保護心血管和肝臟，能防癌、抗癌、養顏美容，同時能抗老化，增強免疫力，一年四季都可食用。番茄營養價值高、熱量低，是減重者熱愛的健康蔬果。

●材料

牛番茄 150g、豬軟排骨 200g、蒜苗 50g、

薑 100g、洋蔥 50g、小魚乾 30g

●調味料

鹽 1 匙、胡椒粉 1 匙

●作法

1. 將材料切適量大小。

2. 所有材料加水 1000cc，放入電鍋，外鍋加 1 杯水煮 90 分鐘。

3. 最後加調味即可。

師傅小提醒：

食材的大小可依自己喜好決定，我習慣切大塊，慢慢燉煮出食材原味，且喝湯時吃料也有飽足感，一舉兩得。

豆腐燒鮮魚

豆腐在五行中屬金，春季吃豆腐能護肝補身，其含有豐富鈣質，可維持骨骼健康，能抗衰老、活化腦力，維生素 B 群可改善女性生理期前的焦躁不安，因熱量和脂肪含量低，又含人體所需之蛋白質，也被當作減重的好食材。

● 材料
台灣鯛 1 尾、豆腐 1 盒、蔥末少許、薑末少許、蒜末少許、青江菜 6 朵

● 醃料
米酒 1 匙、胡椒粉少許、鹽 1/2 匙、醬油 1/2 匙

● 調味料
米酒 1 匙、糖 1 匙、醬油 2 大匙、蠔油 1 匙、太白粉水少許、香油 1 匙、胡椒粉 1/2 匙、烏醋 1 大匙

● 作法
1. 青江菜洗淨後切一半，川燙放涼備用。
2. 將魚清洗後，抹上醃料醃 15 分鐘。豆腐切塊，備用。
3. 鍋中放油，下魚，雙面煎至半熟，備用。
4. 熱鍋爆香蔥薑蒜，放入魚和豆腐、調味料後，蓋上鍋蓋以小火悶煮。
5. 待醬汁小滾，開鍋蓋放上青江菜一起煮至入味後，即可盛盤。

# 蕈菇排骨湯

菇蕈類在五行中屬水，富含蛋白質、維生素 B，可促進成長發育、維持免疫細胞活力，當中的多醣體則可提升免疫力，適合癌症患者食用，想減重瘦身者也適合食用，但腎功能不佳者應避免多食。

●材料

排骨 300g、鮮香菇 80g、鴻喜菇 80g、

白菇 80g、薑 20g

●調味料

鹽 1 匙、胡椒粉 1 匙

●作法

1. 將排骨切塊後，川燙。

2. 鍋內加所有材料、水 1000cc，放入電鍋，外鍋加 1 杯水煮 90 分鐘。

3. 最後加調味即可。

## Chapter 2
### 夏季五行料理

# 食・夏

- 蔬菜雞肉凍
- 烏梅番茄盅
- 黃豆燉五花肉
- 甘蔗滷豬腳
- 苦瓜釀鮮肉
- 蓮藕排骨湯
- 菱角炒腩肉
- 魚香釀茄子
- 海鮮絲瓜麵
- 麒麟燴冬瓜
- 焗烤茭白筍
- 桂花拌南瓜

*Summer*

# 夏

夏天因火氣通於心，所以最容易煩躁，心煩會造成心血管疾病的高發，從五行來說，紅為火、入心補氣、補血，而在五味中，苦味入心，有消暑清熱的效益，其中番茄、茄子、苦瓜等都對心臟有助益，但需注意，所有的食物在營養的攝取，都必須掌握「均衡」二字，吃太多也是不好的，尤其苦味，老人和小孩的脾胃較虛弱，不宜多食。

長夏是一年中最熱的季節，五行中屬土，而黃色食物對脾臟有助益，無花果、蓮子、百合、核桃、茭白筍，都是本章食譜使用的食材，黃色食材對脾臟及胃有滋養作用，脾在人體中負責將營養物質轉換吸收，傳送至全身，並代謝身體廢棄物，五味中，甜味入脾，長夏可稍多些甜味入菜，促進食慾。

# 季節推薦食材

**1. 苦瓜／木**
營養成分豐富，其中的維生素 C 能提高免疫功能，而苦瓜汁中的某種蛋白質成分則對淋巴肉瘤和白血病有效。苦瓜還能增進食慾、健脾開胃、利尿活血、消炎退熱、清心明目。

**2. 甘蔗／木**
含糖量高、漿汁甜美被稱為糖水倉庫，含鐵量在水果中居冠，為補血最佳之水果，補肺益胃，加熱益脾胃，古人稱脾果；此外，甘蔗還能幫助降低膽固醇。中醫觀點認為，甘蔗是解熱、生津、潤燥、滋養聖品，能消炎止渴、除心胸煩躁。

**3. 蓮藕／金**
含大量澱粉、蛋白質、維生素與礦物質，其中微量元素能補益氣血、增強人體免疫力，多酚類物質可延緩衰老、預防癌症。《本草綱目》稱蓮藕為靈根，可見其功效。

**4. 菱角／木**
富含多種礦物質及維生素 B、C、澱粉、葡萄糖與蛋白質；熟食性溫，能健胃脾、益中氣，對癌症預防有功效，除此之外還能清熱解毒、治水腫、腹脹、消化不良，適合夏季食用。

**5. 絲瓜／木**
性味甘涼，翠綠鮮嫩，清香脆甜，在功用上則清熱化痰、涼血解毒、生津止渴、清腫美白、防癌抗老。絲瓜的種子可藥用，嫩芽當蔬菜用，絲瓜水則可美白護膚，瓜絡可沐浴、洗碗，花可炸食，根能活血通絡，養分多，效用良好。

**6. 茄子／火**
有 90% 是水分，富含膳食纖維及皂甘，有助於降低膽固醇，而紫色的外皮也含有抗自由基的多酚類化合物。紫色茄子中的龍葵鹼含量較其他品種的茄子高，所以如欲食療抗癌，以紫茄為佳。

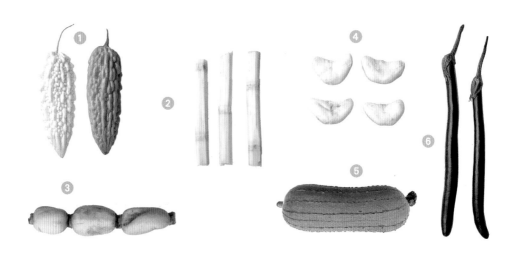

## 7. 紅豆／火

是很平民化的補血聖品，是植物性食物中少數含有豐富鐵質者，並含有多種營養素，能補血、使人氣色紅潤、促進血液循環、強化體力、增加抵抗力。《本草綱目》指紅豆其性下行，能通小腸，利小便，去腫脹。食用可潤腸通便，體內排毒。

## 8. 髮菜／水

含蛋白質、鈣、鐵、磷、碘、藻膠、藻紅素的髮菜，素有沙漠之珍的美譽；有清熱消滯、軟堅化痰、消腸止痢、調節神經等作用，可作為高血壓、冠心病、動脈硬化、慢性支氣管炎等病症輔助食療的理想食物。

## 9. 洋菜／金

也稱為瓊脂、大菜、菜燕，是從海藻類植物中提取的膠質，因此亦含有豐富的膠質、礦物質、碳水化合物與蛋白質、鈣、磷、鐵等，有解鬱、降火氣、促進血液循環及防止甲狀腺腫大的功效。

## 10. 冬瓜／金

肉質細嫩、味道鮮美，是夏季清熱解暑、藥食間用的好食材。冬瓜中，高達 96.5% 是水分，不含脂肪，因此能在炎夏時補水祛暑，果肉瓢和籽含有豐富的蛋白質、維生素及礦質元素，具有很好的保健功效。

## 11. 南瓜／土

味甘性溫，有補中益氣消痰止咳的功能，含維生素A、B、C、磷、鉀、鎂、胡蘿蔔素、葉黃素等，營養高。多食南瓜可有效防治高血壓、糖尿病、提高人體免疫能力。

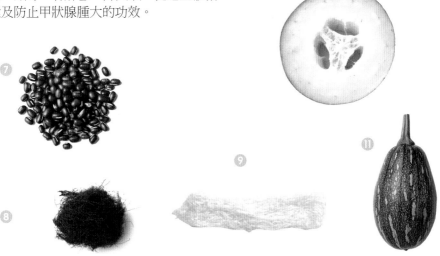

# 蔬菜雞肉凍

此道料理中紅椒屬火、黃椒屬土，恰好符合夏季五行，再以屬木的菠菜、雞肉做調合，平衡五行。冰涼清爽的蔬菜雞肉凍，作法不難，適合夏天品嘗。

## 材料

雞胸肉 200g、菠菜 100g、紅黃彩椒各 1 顆、
黑芝麻 10g、洋菜 100g、吉利丁 20g

## 調味料

鹽 1 匙、糖 1 匙、白醋 1 匙

## 作法

1. 紅黃彩椒川燙後，各自以果汁機打成泥；菠菜川燙後，撈起入冷水過涼，以果汁機打成泥；雞胸肉川燙後切末，備用。

2. 熱鍋，將黑芝麻炒熟後，放涼備用。取 5 個同樣大小容器，分別裝入作法 1、2 準備好的 5 種食材。

3. 洋菜以水 500g 煮開，分別倒入 5 個容器內，放入冰箱冷藏半小時。

4. 半小時後，將 5 種顏色的蔬菜凍取出，層層疊起於較深的容器內，備用。吉利丁泡冷水，入鍋煮至融化，倒入容器以固定蔬菜凍，再放入冰箱冷藏。

5. 品嘗時再搭配混合好的調味料淋上享用。

烏梅番茄盅

烏梅屬水，番茄屬火，夏季可多食紅色食材的食物，而烏梅可斂肺、
澀腸、止久咳痰，加上番茄能美容養顏、清熱、預防心血管疾病，是
抗氧化的好食材。

**材料**

烏梅 6 粒、牛番茄 3 顆、
九層塔碎 10g、鮮香菇 50g、
紅黃青椒各半顆、鮭魚片 100g、
起士條 100g

**調味料**

橄欖油 1 匙、蠔油 1/2 匙、
糖 1/2 匙、太白粉少許、
胡椒粉少許

**作法**

1. 鍋內倒適量沙拉油，熱油至 120 度，放入牛番茄過油後，撈起。

2. 牛番茄去皮、去籽，將中間果肉挖空成盅狀，備用。

3. 鮮香菇、椒類切丁，與鮭魚片入鍋炒熟，加入所有調味料後，再放九層塔
   碎炒勻。

4. 炒好的餡料填入番茄盅，各放上烏梅 2 顆、蓋上起士條，入烤箱烤 8 ～
   10 分鐘即可。

# 黃豆燉五花肉

黃豆屬土，含有豐富的蛋白質及多種人體必需的胺基酸，可提高免疫力，而黃豆中的卵磷酯，可除掉附加於血管壁上之膽固醇，預防血管硬化，保護心臟。

## 材料

黃豆 100g、五花肉帶皮 300g、乾檸檬葉 6 片、
甘草 20g、蔥 1 支、桂皮 5g、蒜頭 6 粒

## 調味料

米酒 2 匙、糖 3 匙、鹽 1 小匙、五香粉 1/2 匙、
胡椒粉 1/2 匙、醬油 2 匙

## 作法

1. 黃豆泡水 4 小時後，放入電鍋蒸熟。
2. 五花肉川燙後放入電鍋，加調味料、所有材料蒸 1.5 小時。

2

2

# 甘蔗滷豬腳

甘蔗於五行中屬木，能潤心肺。李時珍說：甘蔗是脾之果，能瀉火熱，生津潤腸。甘蔗含鐵量高，素有補血果之稱，對心肺是有幫助的，適用於低醣症、心臟衰弱、虛熱、咳嗽者。

**材料**

中段豬腳 600g、甘蔗 600g、蔥 1 支、

薑 1 小塊、蒜頭 2 粒、辣椒 1 支

**調味料**

滷包 1 包、醬油 100cc、糖 50g、

胡椒粉 1/2 匙、黃酒 3 匙

**作法**

1. 蔥切段，甘蔗切塊，薑、辣椒切小片。
2. 作法 1 切好的材料與豬腳、蒜頭、所有調味料一起放入電鍋蒸 1.5 小時。

2

2

苦瓜釀鮮肉

苦瓜屬木，中醫認為苦瓜的苦味入心，且具有清熱、消暑、補血益氣的功效，還能開胃健脾，其中的多胜肽活性物質能活化胰臟、分泌胰島素、降血糖，此外亦具增強免疫力、排毒功效。

**材料**
白苦瓜 2 條、絞肉 200g、
馬蹄 6 粒、蔥薑少許、
紅蘿蔔少許

**醃料**
醬油 1 匙、米酒 2 匙、
太白粉 2 匙、胡椒粉 1/2 匙

**調味料**
醬油 1 匙、蠔油 1 匙、糖 1 匙、
太白粉 2 匙、胡椒粉 1/2 匙

**作法**
1. 苦瓜洗淨後切段，去籽、去白色薄膜，備用。
2. 將馬蹄、蔥、薑、紅蘿蔔切末，加絞肉、醃料拌勻。
3. 拌好的絞肉填入苦瓜圈中，用手整型、定型。
4. 熱鍋，倒少許油，放入鑲好的苦瓜，兩面煎熟後加入調味料，蓋上鍋蓋煮 15 分鐘即可。

# 蓮藕排骨湯

蓮藕在五行中屬金,味甘,入心、脾、胃經。本草綱目稱蓮藕為靈根,可清熱、生津,適用於口乾舌燥、火氣大的人,盛夏吃可降火、清熱、涼血,秋冬吃則可潤肺、健脾。

## 材料

蓮藕 200g、中段排骨 300g、薑片少許、
生花生 50g、馬蹄 100g

## 調味料

米酒 2 匙、鹽 1 匙、胡椒粉 1/2 匙

## 作法

1. 蓮藕去頭去尾,切塊,入冷水備用。
2. 排骨以熱水川燙後撈起,與蓮藕、薑片、花生、馬蹄一起放入電鍋,加水 1000cc,外鍋加水 1 杯蒸 1 小時。
3. 最後加調味料即可。

# 菱角炒腩肉

菱角在五行中屬木，可以幫助胃腸、消毒解熱，自古則言：「夏食菱、秋食栗」。菱角有豐富的營養，且零脂肪，所以也成為減重聖品。

## 材料

菱角 200g、紅蔥頭 5 粒、薑少許、腩排肉 300g、蔥 2 支、蒜頭 5 粒

## 調味料

醬油 2 匙、糖 1 匙、胡椒粉少許、水 1 量杯、香油少許、米酒 1 匙

## 作法

1. 蔥切段，薑切末，紅蔥頭、蒜頭切小片；菱角去殼後川燙，撈起備用。
2. 腩排肉切小塊，以熱油生炸，撈起瀝油備用。
3. 熱鍋，先爆香薑、紅蔥頭、蒜頭，再加菱角、腩排肉拌炒，倒入醬油、糖、胡椒粉、水、米酒，以小火煮 40 分鐘。
4. 最後加蔥段、少許香油，即可盛盤。

> 師傅小提醒：
> 此道料理也可以電鍋蒸煮，有另一番風味。

# 魚香釀茄子

茄子屬火，抗氧化成分很高，容易被人體吸收，可預防因自由基引發的白內臟、動脈硬化、心臟病、多種疾病。茄子的保健功效亦有清熱、活血、抗老、防治心血管疾病等。

## 材料

茄子 2 條、絞肉 150g、馬蹄 5 粒、蝦米 20g、
蔥 2 支、薑少許、辣椒 1 支、太白粉水少許

## 調味料

辣椒醬 1/2 匙、番茄醬 1 匙、
醬油跟糖各 1 匙、胡椒粉少許

## 醃料

太白粉跟糖各 1/2 匙、
醬油跟胡椒粉各 1/2 匙

## 作法

1. 馬蹄拍碎，蝦米、蔥、薑、辣椒切末，備用。
2. 絞肉以醃料醃製抓勻，加入馬蹄碎、薑末混拌均勻，備用。
3. 茄子洗淨後切斜刀蝴蝶片，撒少許太白粉。
4. 將醃好的絞肉鑲入茄子中，煎熟備用。
5. 熱鍋爆香蝦米、蔥、辣椒，加入煎熟的茄子、調味料，蓋上鍋蓋煮約 5 分鐘。
6. 開鍋蓋，最後淋上太白粉水勾芡，翻炒一下即可。

3.

4

5

# 海鮮絲瓜麵

絲瓜五行屬木，具有很好的清熱、解毒、涼血、通絡之效。絲瓜汁則有美人水之稱，夏天食用能去暑、清新、涼血、解毒、生津止渴。

**材料**

絲瓜 2 條、蝦仁 50g、蟹肉棒 5 條、薑絲少許、
香菜少許、蔥 1 支、鮮香菇 2 朵

**調味料**

鹽 1/2 匙、胡椒粉 1/2 匙、
糖 1/2 匙、米酒 1/2 匙

**作法**

1. 絲瓜削皮，片成薄片後切細絲；香菇切絲、蔥切末備用。
2. 蝦仁、蟹肉棒以滾水川燙後撈起，備用。
3. 將川燙好的海鮮，與絲瓜、薑絲、香菇絲、蔥末放入水 500 ～ 700cc 煮滾後加調味料，最後撒上香菜。

# 麒麟燴冬瓜

冬瓜在五行中屬金，可潤肺、消熱痰、止咳嗽，夏天食用能清熱、生津、除煩悶、去心火，加上冬瓜不含脂肪、熱量不高，可預防肥胖。

## 材料

冬瓜 300g、火腿片 3 片、青江菜 4 支、
紅蘿蔔 1 小塊、香菇 3 朵

## 調味料

鹽 1/2 匙、糖 1/2 匙、柴魚粉 1/2 匙、
胡椒粉 1/2 匙、太白粉 1/2 匙

## 作法

1. 紅蘿蔔、香菇切片，備用。冬瓜切蝴蝶片，以熱水川燙，備用。

2. 放涼的冬瓜片夾入火腿、紅蘿蔔、香菇，入電鍋蒸 15 分鐘。

3. 青江菜切半，以熱水川燙後撈起，放至盤上備用。

4. 待 15 分鐘後，將蒸好的冬瓜片取出，放在青江菜上，淋上混合好的調味料即可。

焗烤茭白筍

茭白筍屬金，能保護肝臟、解肝熱，能抑制黑色素，改善夏季皮膚癢，有清熱、利尿、排濕的作用，並可預防心血管疾病、降低高血壓、預防骨質流失，幫助排除體內毒素。

**材料**
茭白筍6支、香菇2朵、奶油少許、
紅蘿蔔少許、青花菜適量、
起士條50g、麵粉少許

**調味料**
鹽 1/2 匙、糖 1/2 匙、
胡椒粉 1/2 匙

**作法**
1. 茭白筍、紅蘿蔔、香菇、青花菜清洗後切塊。
2. 以熱水川燙切好的食材後，撈起備用。
3. 熱鍋，將奶油融化後倒入麵粉，炒成小塊狀再倒入水1杯，以中小火煮成麵糊狀，再加調味料拌勻。
4. 將麵糊倒進川燙好的食材中，再放上起士條，入烤箱烤15分鐘即可。

**師傅小提醒：**
茭白筍又稱美人腿，這道料理特色是合併西式焗烤。炒麵糊粉時的火候要注意，要用中小火慢慢炒，就不容易失敗。

# 桂花拌南瓜

五行中南瓜屬土，黃色入脾，長夏養脾，脾在人體中負責將營養運送到全身，南瓜可排毒、解毒、保護腸胃，亦能保護肝、腎，抗氧化和增強抵抗力。

## 材料

南瓜半顆、杏仁片適量、桂花醬 2 大匙、

小豆苗 10g、黑芝麻少許

## 調味料

鹽 1/2 匙、糖 1/2 匙、奶油 20g

## 作法

1. 南瓜切塊，以熱水川燙熟後，入冷水過涼。

2. 將南瓜與鹽、糖、融化的奶油拌勻，再淋上桂花醬。

3. 最後搭配小豆苗、撒上黑芝麻即可。

師傅小提醒：

南瓜皮有很高的營養價值，能抗癌護心、促進新陳代謝、加強造血功能，所以這道料理可連著皮一起吃下喔。

# Chapter 3
## 秋季五行料理

# 食・秋

- 銀耳燉蓮子湯
- 百合炒鮮蝦仁
- 烏梅苦瓜片
- 無花果燉排骨湯
- 芙蓉燴秋蟹
- 金沙炒麻筍
- 煎釀三寶
- 紅蟳紫米糕
- 櫻花蝦絲瓜麵
- 桂花蓮藕
- 核桃炒魚片
- 綠豆薏仁湯

*Autumn*

# 秋

秋天養肺，秋季草木開始枯萎，容易感傷，易傷肺，氣候由長夏轉涼，氣管容易出現病症，藥補不如食補，秋燥之時要特別注重補氣及養肺，此時要多吃白色食品，像是：蓮子、蓮藕、銀耳等食物，銀耳被譽為「長生不老藥」、百合能潤肺止咳，這都是養生極佳的食材。

但雖說肺屬金，通氣於秋，因此肺氣也盛於秋，如果秋天肺金太旺，容易剋肝木，傷肝，因此秋天也適合多吃一些綠色食物，飲食宜少辛增酸。本篇章食譜便以屬金食材搭配屬木之綠色食材養肝、屬水之黑色食材以水生木，來做調合。

# 季節推薦食材

## 1. 芝麻／水

黑芝麻具有補肝腎、潤五臟、有益氣力的作用，還能安定神經，也可幫助腸胃消化，含有卵磷脂等特殊的營養素，是活化腦細胞和降膽固醇的重要成分；且黑色食物有助於養腎，以黑芝麻、黑木耳、黑糯米、黑豆、黑棗為代表，俗稱「黑五類」。

## 2. 銀耳／金

銀耳營養成分相當豐富，能增強人體免疫力，調動淋巴細胞加強白血球的吞噬能力，刺激骨髓造血功能，銀耳多醣具抗腫瘤作用。銀耳還含有 17 種胺基酸，人體必需的胺基酸大都能提供。此外，銀耳中的膳食纖維可助胃腸蠕動，減少脂肪吸收，有減肥效果。

## 3. 烏梅／水

烏梅為薔薇科，落葉喬木植物，梅子的未成熟果實，含有檸檬酸、蘋果酸、琥珀酸、糖類、谷菑醇、維生素 C 成分有理想的抗菌作用。烏梅還能影響白血球或單核吞噬細胞，能提高免疫機能，可抗癌，削減癌細胞作用。

## 4. 無花果／木

無花果具有增強機體免疫力、抵抗疾病的特殊功能，可健脾、潤腸通便；其中，成分中的脂肪酶、水解酶等有降低血脂和分解血脂的作用，可以降血壓、預防冠心病。無花果中也具有抗炎消腫之功，可利咽消腫，而「甲苯酸」，具有防癌抗癌的作用。

## 5. 水梨／金

秋燥可多吃白色食物潤肺，水梨具潤肺功效，本身有一些果酸，而且膳食纖維含量高，可促進腸胃蠕動、化痰。本草綱目中記載：「梨，潤肺清心，消痰降火，解瘡毒、酒毒。」另外，水梨含鉀量豐富，可幫助人體細胞與組織的正常運作，並調整血壓，達到清熱鎮靜的作用。

## 6. 核桃／木

核桃與扁桃、腰果、榛果並稱為四大乾果，可以生食、炸油、配製糕點，營養價值高被譽為「萬歲子」、「長壽果」。核桃擁有多種營養成分，所含的微量元素鋅和錳，是腦垂體的重要元素，常食有助於腦的營養補充，有健腦益智作用。維生素 B 和 E 可防止細胞老化，能增強記憶力，延緩衰老。

## 7. 薏仁／金

蛋白質含量高，含豐富膳食纖維，可降血脂、膽固醇，預防心血管疾病，美白抗癌。是藥材，也是食材，性微寒，有健脾去濕、消腫之功效，色白入肺。

## 8. 麻筍／金

麻竹筍營養豐富，含有蛋白質、脂肪、糖類、維生素 C、鈣、磷、鐵，其中維生素 C 的含量比大白菜高出一倍以上，能清涼解毒，生津潤喉。

## 9. 綠豆／木

營養價值是較高，含脂肪、蛋白質、粗纖維碳水化合物、鈣等。綠豆也是常見的消暑食材，具清熱解毒，利尿消腫功效。《本草綱目》記載：「綠豆消腫下氣，潤皮膚，解金石、砒霜、草本等一切毒。」

# 銀耳燉蓮子湯

銀耳和蓮子在五行中皆屬金，銀耳是菌中之冠，能解毒、預防肺病、養肺潤燥，蓮子善於補五臟之不足，可使氣血通暢、降血壓，蓮子芯所含的生物鹼具有顯著的強心作用。

● 材料

乾銀耳 20g、蓮子 20g、水梨 1 顆、

紅棗 3 粒、枸杞 5g、黑棗 6 粒

● 調味料

糖適量

● 作法

1. 水梨削皮切塊，銀耳放入冷水中泡發，備用。

2. 所有材料放入電鍋中，加水 1000cc，燉 1 小時即可。

# 百合炒鮮蝦仁

百合於五行中屬金，秋季食用不僅能養心，還能潤肺、安神、抗老化、養顏美容，百合富含秋水仙鹼，可用於痛風發作、關節痛的輔助治療，而成分中的果膠及磷脂類物質，可保護胃黏膜，治療胃病。

●材料

百合 100g、鮮蝦仁 200g、三色椒各 1/4 顆、蔥蒜少許、黑木耳 1 朵、鮮香菇 2 朵、太白粉 1 匙

●醃料

太白粉 1/4 匙、酒 1/4 匙、鹽 1/4 匙、蛋白 1/4 匙

●調味料

鹽、糖、胡椒粉各 1/3 匙、香油 1 匙、米酒 1 匙

●作法

1. 蔥切小段、蒜切片，香菇切片，三色椒、黑木耳洗淨後切塊，備用。

2. 百合洗乾淨後以熱水川燙，撈起備用。

3. 鍋內倒少許沙拉油，待油溫至 150 度時放入蝦仁過油，撈起備用。

4. 熱鍋，爆香蔥蒜，再加入所有材料、調味料一起拌炒，最後倒入太白粉加水勾芡即可起鍋。

# 烏梅苦瓜片

烏梅於五行中屬水，苦瓜屬木，烏梅酸澀，能收斂肺、止咳，可用於肺虛久咳；苦瓜有蛋白質及大量維生素 C，能提高免疫功能，兩種食材對保健養生都具很大功效。

●材料

綠苦瓜 1 條、烏梅 6 粒、白蘿蔔 50g、

紅蘿蔔 50g、蔥 1 支

●調味料

鹽 1/2 匙、香油 1 匙

●作法

1. 苦瓜洗淨後剖半，去籽、白色薄膜（只保留綠色部分），切薄片。

2. 切好的苦瓜薄片放入冰塊水中冰鎮，備用。

3. 白蘿蔔、紅蘿蔔、蔥洗淨後切絲，混合成三色絲備用。

4. 將苦瓜片、三色絲與鹽、香油、烏梅混合均勻即可享用。

# 無花果燉排骨湯

無花果在五行中屬金，本草綱目記載：「無花果味甘平、無毒、主開胃、止泄痢、至五痔、預防冠心病。」其中含有檸檬酸、草酸、奎寧酸等物質，具有抗炎腫之功效，因熱量較低，也是很好的減肥保健食品。

● 材料

無花果 8 粒、排骨 200g、薑 1 小塊、
南北杏少許、枸杞少許、紅蘿蔔 1/4 條

● 調味料

鹽 1 匙、米酒 2 匙

● 作法

1. 紅蘿蔔削皮切塊、無花果切塊、薑切片，備用。

2. 排骨切塊，入熱水川燙後，撈起備用。

3. 將所有材料放入鍋內，加水 1000cc，入電鍋燉 90 分鐘。

4. 最後放入調味料即可。

芙蓉燴秋蟹

雞蛋於五行中屬火，含有豐富的蛋白質脂肪、維生素和人體所需的礦物質，雞蛋具有養心安神、補血、滋陰潤燥的功效；蟹的五行屬木，富含優質蛋白質、十餘種胺基酸，味鹹、入肝、胃經、能養筋益氣、理胃瘀血鬱結。

## ●材料

秋蟹 2 隻、蛋 3 顆、紅蘿蔔 30g
香菇 4 朵、蔥 3 支、薑 50g、
辣椒 1 支

## ●調味料

米酒 1 大匙、糖 1/2 匙、鹽 1/2 匙、
醬油 1 小匙、香油 1 匙

## ●作法

1. 將紅蘿蔔、香菇切片，辣椒、蔥、薑切小片，備用。

2. 秋蟹清洗乾淨，用刀將背殼與身體分開，去除兩邊的鰓，切 6～8 塊，備用。

3. 打蛋，混拌均勻。熱鍋倒少許沙拉油，倒入蛋液，用筷子劃圈攪拌成芙蓉炒蛋，盛盤備用。

4. 熱油鍋爆香蔥薑辣椒，倒入紅蘿蔔、香菇拌炒，加香油外的調味料、秋蟹，翻炒至蟹殼轉紅後加少許水，悶 3～5 分鐘。

5. 開鍋蓋加入炒蛋吸醬汁，最後勾芡淋香油，起鍋。

師傅小提醒：
詳細的秋蟹處理可參考 P.26 料理基礎提醒。

# 金沙炒麻筍

麻筍在五行中屬金，有「素食第一品」之說，麻筍高纖低脂，具有解熱、潤腸、健脾之功效，亦能清熱消痰、消渴益氣。而其高蛋白、低脂肪、低卡高纖的成分，對於想減肥的人也是很好的選擇。

## ●材料

麻筍 300g、蒜頭 20g、辣椒 20g、蔥 20g、薑 20g、鹹蛋黃 3 粒

## ●調味料

胡椒粉 1/4 匙、玉米粉 2 匙、鹽 1/4 匙、糖 1/4 匙

## ●作法

1. 將麻筍洗清後去殼，切成長條塊狀，加玉米粉醃拌，備用。
2. 鹹蛋黃蒸熟後，用刀拍扁、切末。蒜頭、辣椒、蔥、薑切末，備用。
3. 熱鍋，倒適量沙拉油，以低溫將醃好的麻筍炸至金黃色，撈起備用。
4. 熱油鍋，放入鹹蛋黃末，拌炒至起泡後，再加入蔥、薑、蒜、辣椒、麻竹筍一起翻炒。
5. 最後撒上鹽、糖、胡椒粉即可。

> 師傅小提醒：
> 麻竹筍一般都會有點苦苦的，但稍微過油之後，就能去除苦味、保留竹筍的鮮甜滋味囉。

# 煎釀三寶

青椒在五行中屬木，紅椒屬火，黃椒屬土，甜彩椒的營養豐富，對於抵抗力較弱的人有預防感冒的功效，對食慾不振或消化不良者亦有幫助，可改善高血壓、動脈硬化，而營養成分中的維生素 A、B 可改善皮膚乾燥、抗衰老。

● 材料

魚醬肉 1 包、三色椒各 1 顆，蔥、薑、蒜各少許，
辣椒少許、豆鼓 5g、香菜末少許、太白粉水適量

● 調味料

醬油 1/2 匙、糖 1/2 匙、豆瓣醬 1/2 匙、
蠔油 1/2 匙

● 作法

1. 三色椒洗淨、去籽後切正方塊。蔥、薑、蒜、辣椒切末，備用。

2. 於三色椒上先撒上一層太白粉，釀入魚醬肉，可用沾水的湯匙將其抹平整。

3. 熱鍋，倒少許沙拉油，放入魚醬椒（魚醬面朝下）煎至金黃後翻面，加切好的材料末、豆鼓、香菜末與調味料拌炒。

4. 最後以太白粉水勾茨，稍微收汁後即可起鍋。

# 紅蟳紫米糕

紫米在五行中屬水，紫米在草本綱目中被記載著，紫米有滋陰補腎、健脾暖肝、明目活血的作用，紫米被稱為「藥米」，也被稱為長生米，適合肥胖者、心臟病、腳氣病、攝護腺病患者食用，是優質抗氧化劑的來源。

●材料

紅蟳 2 隻、紫米 500g、香菇 3 朵、紅蔥頭 4 粒、

香菜少許、蔥少許、薑 1 小塊、蒜頭 2 粒

●調味料

醬油 1 匙、麻油 1 匙、香油 1 匙、

糖 1 匙、米酒 1 匙

●作法

1. 紅蟳洗乾淨後，去殼、去鰓，切 6～8 塊，備用。

2. 香菇、紅蔥頭切絲，蔥、薑、蒜切末，備用。

3. 紫米洗淨後入電鍋蒸 40 分鐘，放涼。

4. 熱鍋，倒入蒸好的紫米、香菇、紅蔥頭、蔥、薑拌炒，再加調味料拌至上色。

5. 將炒好的紫米飯放入容器，擺上切好的秋蟹一起再蒸 15 分鐘。

6. 蒸好後，放上蔥末、香菜即可上桌。

# 櫻花蝦絲瓜

絲瓜五行屬木,清熱、化痰、可排毒人體中的陰毒,要將陰毒排除體外,才能健康長壽,絲瓜可除水毒,絲瓜中所含的皂甘能強化心肌,止咳、化痰,對肺炎雙球菌有抑制作用。

●材料

櫻花蝦 50g、絲瓜 1 條、蒜頭 3 粒、蔥少許、
辣椒少許、鮮香菇 4 朵

●調味料

鹽 1/2 匙、糖 1/2 匙、米酒 1 匙、胡椒粉 1/2 匙、
柴魚粉 1/2 匙、太白粉 1 匙、香油 1 匙

●作法

1. 熱油鍋至 120 度,放入櫻花蝦慢慢炸酥,備用。

2. 絲瓜削皮後切塊,過油,撈起備用。

3. 蒜頭、蔥、辣椒切末,香菇切絲,備用。

4. 熱鍋,放入切好的蔥、蒜頭、辣椒爆香,放入香菇、
   絲瓜、水 1/2 杯、調味料,悶煮一下。

5. 煮好後盛盤,放上炸好的櫻花蝦即可。

桂花蓮藕

蓮藕在五行中屬金，秋季要清熱、養肺，蓮藕則具此效。民間有一說法「男不離韭，女不離藕」，女性常吃藕，不僅可養顏美容，還可補脾胃、滋腎陰、補血。常言道：荷蓮一身寶，蓮藕最補人。

●材料
蓮藕 1 條、糯米 100g、枸杞 10g
桂花醬適量、秋葵 2 根、

●調味料
砂糖 50g

●作法

1. 糯米洗淨，瀝水備用。

2. 蓮藕洗淨，把蓮藕按節分開，並將節頭切除（切除的部分需保留），將糯米填入蓮藕孔（可利用筷子塞滿）。

3. 填好後將藕節合上，並以牙籤固定（如太長可折斷），放入加了冷水的鍋內（冷水水量為蓋過蓮藕即可）。

4. 倒入砂糖，以電鍋煮 1 小時後取出切片。

5. 最後淋上桂花醬，搭配川燙過的秋葵和枸杞即可。

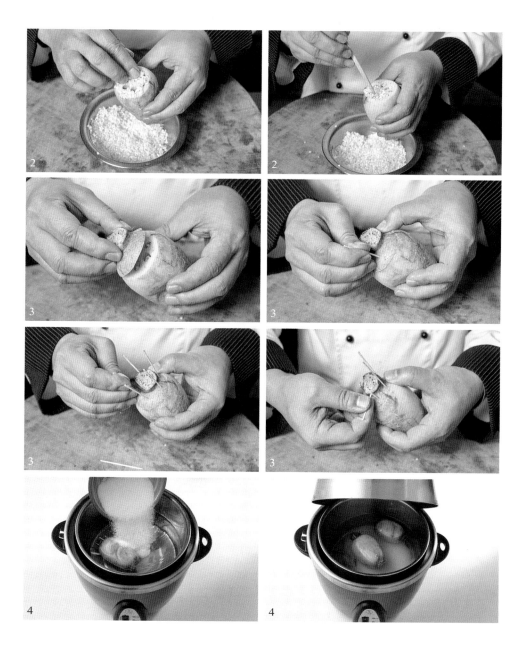

# 核桃炒魚片

核桃於五行中屬金，能健胃、補血、潤肺、養神，是堅果類的抗氧化冠軍，有益於心臟及血壓的健康，可抑制憂鬱情緒，降低和穩定血糖濃度，並防止細胞老化、改善循環、增強記憶力，抗衰老。將堅果與五色食材翻炒，營養滿分。

● 材料

鯛魚片 150g、三色彩椒各半顆、鮮香菇 2 朵、黑木耳 1 朵、

蔥、薑、蒜 少許，核桃 60g

● 調味料

鹽 1/3 匙、糖 1/3 匙、胡椒粉 1/3 匙、

太白粉 1 匙、香油 1 匙

● 作法

1. 將鯛魚切片，彩椒、鮮香菇、黑木耳切菱形片，蔥薑蒜切小片。

2. 熱油鍋，待油鍋起小泡時，將魚片過油備用。

3. 川燙切好的彩椒、鮮香菇、黑木耳。

4. 鍋內倒少許沙拉油爆香蔥薑蒜，放入魚片、川燙好的彩椒、鮮香菇、黑木耳、核桃，再加入鹽、糖、胡椒粉一起翻炒。

5. 最後勾芡太白粉水、加香油即可。

# 綠豆薏仁湯

綠豆屬木，薏仁屬金、入肺，綠豆可降血壓、消暑、止渴、排毒、消水腫；薏仁則可預防心血管疾病、降血脂，能促進體內血液和水分的新陳代謝。綠豆和薏仁都能養顏美容、抗老化。

**●材料**

綠豆 100g、薏仁 60g、陳皮 5g

**●調味料**

冰糖 60g（可視個人喜好增減）

**●作法**

1. 陳皮切末，備用。

2. 綠豆、薏仁泡水 1 小時後瀝乾，放入電鍋內倒水至蓋過食材的高度，蒸 1 小時。

3. 起鍋前加冰糖和陳皮末，待糖溶解即可享用。

師傅小提醒：
綠豆薏仁湯的甜度可視個人喜好增減，可冰吃可熱吃，夏天冰冰吃，退火消水腫。

# Chapter 4
## 冬季五行料理

食・冬

- 匈牙利燉牛肉
- 蟹肉燴芥菜
- 百香果虱目魚
- 清燉羊肉片
- 芋頭燜鴨肉
- 七彩炒鴨絲
- 翠玉白菜獅子頭
- 菠菜雞肉片
- 黑豆燉豬腳
- 清燉牛肉湯
- 什錦海參煲
- 芥蘭炒臘味

# *Winter*

# 冬

冬天是個很重要的養生季節，在五行學說中，冬季主「封藏」，與腎主封藏的功能一致，腎中精氣是生命之源，中醫說：「腎主骨生髓」——即人的骨骼都與腎的功能相關，因此應適當補充黑色的食材，來豐富身體的水分，並避免吃太過重鹹的料理，減輕腎臟的負擔。

如果在冬天時在保養腎臟方面若做得不好，會影響一整年的健康狀況。冬季飲食應食用滋陰潛陽、熱量較高的食物，可適當增加主食、油脂、蛋白質的攝取，為身體補充足夠的能量，以抵禦外寒。

# 季節推薦食材

## 1. 虱目魚／土

虱目魚的營養成分高，含有蛋白質、脂肪、多種礦物質與維生素、菸鹼酸、DHA 和 EPA，因此虱目魚可以保護皮膚黏膜，促進肌膚、指甲和頭髮的發育，增加全身抵抗力，DHA 和 EPA 則被認為能促進腦部發育且抗憂鬱。

虱目魚還含有一種特殊的營養素：牛磺酸，是一種驅脂因子，促使原本不溶於水的脂肪乳化，讓脂肪容易被消化吸收、代謝，能有效降脂血，對心血管有保護效果。

## 2. 芥蘭菜／木

主要成分有葡萄糖、胡蘿蔔素、多種胺基酸等，可美化肌膚，幫助減肥，緩解平喘、清咽，治風熱感冒、咽喉痛、咳嗽、氣喘，甚至能幫助產後孕婦補血，但要注意，甲狀腺失調者必須少食用。

## 3. 芋頭／土

芋頭含有豐富的營養成分，適量食用芋頭可減少肺炎、下痢、腳氣病及腸炎等；不過芋頭算是澱粉類的蔬菜，熱量是米飯的四倍，雖能快速有效的補充元氣，但因為熱量高，所以瘦身者不宜多吃。

### 4. 黑豆／水

黑豆的營養豐富，含有蛋白質、脂肪、膳食纖維、碳水化合物、鈣、鎂、鉀、磷、鐵、錳、鋅、銅、維生素 B1、B2、C……數都數不完，可說是植物中營養最豐富的保健食品。黑豆入腎，具有健脾利水、消腫下氣、滋腎陰、潤肺燥、制風熱、活血解毒、烏髮黑髮、延年益壽的好處。

### 5. 海參／水

海參被稱之為「大海之珍」，是一種高蛋白低脂肪的食材，每 100 克裡只有 0.3 克的脂肪，且不含膽固醇，很適合高血壓、冠狀心臟病、肝炎的病人食用；海參富含膠質，有助排便，除對筋骨有益外，還能加速膽固醇排出體外。此外，海參與羊肉同樣屬於溫補食材，可補血補身，是極適當的養身好物。

### 6. 芥菜／木

芥菜含有豐富的胡蘿蔔素、維生素 B 群、維生素 C、鐵質，能明耳目、利尿、促進皮膚和黏膜的健康，當中的維生素 B 群，更可促進血液循環、協調神經和肌肉運作，芥菜中的膳食纖維可增加腸胃蠕動、消除便秘，減少大腸癌發生率。

### 7. 大白菜／木

大白菜是屬性寒涼的蔬菜，有肺熱乾咳、便秘問題的人，吃了可緩解不適；其有豐富的膳食纖維，可增強腸胃蠕動，幫助消化與排泄，進而減低肝腎負擔，還能阻止腸道吸收膽固醇和膽汁酸，對動脈粥樣硬化、膽石症患者及肥胖病人有幫助，大白菜也富含纖維與維生素 C，可清熱退火，礦物質鉀則可降低血壓和利尿。

# 匈牙利燉牛肉

牛肉屬土，性質溫和，成分中的鐵質、維生素 A、B 群可以預防貧血。
牛肉屬於高蛋白食品，腎炎患者不宜多食，但其營養價值居各種肉類
之首，能補脾胃、益血氣、強筋骨、消水腫。

## ●材料

牛腩肉 600g、紅蘿蔔 300g、桂皮 20g、蔥 1 支、
薑 1 小塊、八角 4 粒、小番茄 10 顆

## ●調味料

蠔油 1½ 匙、牛排醬 1½ 匙、紅酒 100cc、
辣醬油 2 匙、醬油 1 匙、冰糖 2 匙、番茄醬 1 匙

## ●作法

1. 紅蘿蔔削皮切塊、小番茄洗淨、蔥薑切末，
   備用。
2. 牛腩肉切塊，川燙備用。
3. 所有材料放入電鍋，加水 500cc、調味料燉
   煮 1 小時。

# 蟹肉燴芥菜

芥菜在五行中屬木，營養價值高，具有抗氧化的作用，可提神醒腦、解除疲勞，維生素 A 可保護視力，大量的膳食纖維可防治便秘，維他命 A 和 B 群可增強免疫力，促進膽固醇下降。

## ●材料
蟹肉 100g、芥菜 1 顆、香菇 3 朵、
薑少許、紅蘿蔔 15g

## ●調味料
米酒 1/2 匙、太白粉 1/2 匙、香油 1/2 匙、
鹽 1/2 匙、糖 1/2 匙、胡椒粉 1/2 匙

## 作法
1. 紅蘿蔔洗淨後切片，以熱水川燙紅蘿蔔、香菇，撈起備用。
2. 芥菜洗淨後切成菱形片，過熱水，撈起。
3. 川燙好的芥菜、紅蘿蔔、香菇擺盤。
4. 蟹肉以熱水川燙後，撈起放入鍋，開中火以
   調味料、太白粉水勾芡，淋上香油。
5. 最後將蟹肉、勾芡汁放到盤上即可。

# 百香果虱目魚

百香果在五行中屬土，入脾胃，虱目魚的五行屬金，營養價值高，魚肉中的蛋白質幾乎完全可以被人體吸收，能幫助骨骼正常成長。可滋補強身、養顏美容，其膠質可修護組織；也很適合減重者，因為虱目魚是零脂肪、零膽固醇。

●**材料**
虱目魚肚 1 片、百香果 2 顆、
檸檬 1 顆、生菜適量

●**醃料**
米酒 1/2 匙、鹽 1/2 匙、
胡椒粉 1/2 匙、蔥薑蒜末少許

●**調味料**
胡椒鹽少許、糖 1/2 匙、味醂 1/2 匙

●**作法**

1. 虱目魚以醃料，醃製半小時備用。

2. 生菜切絲，百香果切半去汁，與生菜絲拌均，備用。

3. 醃好的虱目魚放入平底鍋，煎熟後淋上調味。

4. 將檸檬壓汁拌入百香果生菜絲，淋在虱目魚上即可。

# 清燉羊肉

羊肉在五行中屬土，肉質細緻，含有蛋白質、維生素及礦物質，鈣質含量比豬肉豐富。吃羊肉可促進血液循環，是冬季溫補聖品！中老年人食用則可預防骨質疏鬆。

### ● 材料

帶皮羊腹肉 500g、蒜苗 2 支、滷包 1 包、
蔥 1 支、薑 1 小塊

### ● 調味料

鹽 1 匙、糖 1 匙、米酒 1/2 杯、胡椒粉 1/2 匙

### ● 作法

1. 羊肉切片，川燙後撈起；蒜苗、蔥切段，備用。
2. 把所有的材料放入鍋內，加入調味料、水 1000cc，用電鍋蒸 1.5 小時。

> **師傅小提醒：**
> 羊肉買回家後，可先用牛奶浸泡半小時後洗淨，幫助去除羊騷味。

# 芋頭燜鴨肉

芋頭五行屬土，含有豐富的營養，膳食纖維含量高，可謂澱粉類的蔬菜，能加速膽固醇代謝，幫助糖尿病患控制血糖，排除身體多餘的鈉，降血壓。中醫認為芋頭有開胃、生津、消炎、鎮痛、補氣益腎，還可治慢性腎炎。

## ●材料
鴨半隻、芋頭 1 顆、蔥 1 支、薑 1 小塊

## ●調味料
米酒 1 匙、鹽 1/2 匙、糖 1/2 匙、椰奶 100cc

## ●作法
1. 鴨肉切塊，芋頭切塊，蔥薑切碎，備用。
2. 熱鍋，再放入鴨肉塊炒至熟，再加入薑拌炒至有香氣。

3. 再加米酒、鹽、糖、水 100cc 和其餘切好的食材，煮到汁快收乾時再加入椰奶，續煮 10 分鐘。

4. 起鍋前放入蔥碎，即可盛盤上桌。

# 七彩炒鴨絲

所謂「七彩」，包括：銀牙、韭黃、香菇、黑木耳、紅辣椒、三色椒，其中包含了五行的五種顏色，綠、紅、黃、白、黑，在五行上達到均衡之效果，營養的價值也相當高。

## ●材料
鴨胸肉 1/4 隻、銀芽 20g、韭黃 10g、香菇 3 朵、黑木耳 1 朵、蔥少許、薑少許、白芝麻少許、辣椒 1 支、三色椒各 1/4 顆

## ●調味料
蠔油 1 匙、米酒 1 匙、鹽 1/4 匙、糖 1/2 匙、味醂 1 匙、太白粉 1/4 匙

## ●醃料
鹽 1/2 匙、糖 1/2 匙、米酒 2 匙、太白粉 1/4 匙

## ●作法
1. 鴨肉去骨、皮，先切片後切成絲，以醃料醃製 10 分鐘，備用。

2. 韭黃、三色椒、香菇、黑木耳、蔥、薑、辣椒切絲。
3. 將醃好的鴨肉過油，撈起瀝油備用。
4. 熱鍋，以中火爆香辣椒、蔥薑，加銀芽、切好的材料翻炒，倒入鴨肉絲、調味料拌炒均勻後起鍋。

5. 最後撒上白芝麻即可。

翠玉白菜
獅子頭

大白菜五行屬木，大白菜的營養成分是多樣性的，其中胡蘿蔔素、維他命 C，可保護心臟，使膽固醇下降，減輕肝臟負擔，大白菜具解熱、解渴、化痰、利尿、解毒的功能，營養成分中的鈣、磷，對牙齒骨骼有幫助。

## ●材料
豬後腿肉 300g、板豆腐 1 塊、鮮香菇 6 朵、蔥 1 支、馬蹄 6 粒、薑 3 片、白菜 1/4 顆、紅蘿蔔半條、金針菇 100g

## ●醃料
鹽 1/2 匙、糖 1 匙、米酒 2 匙、胡椒粉 1/2 匙、蛋汁 1 顆量

## ●調味料
鹽 1/2 匙、糖 1 匙、米酒 2 匙、胡椒粉 1/2 匙、醬油 2 匙

## ●作法
1. 將豬後腿肉剁成泥，加入醃料抓拌均勻，備用。
2. 板豆腐壓碎、馬蹄以刀拍扁後切碎，蔥薑切碎，與醃好豬肉泥混拌均勻。
3. 取適量豬肉泥，做成球狀，以雙手拍打將空氣打出，成獅子頭。
4. 熱油鍋至 160 ～ 180 度，放入做好的獅子頭，炸至定形後換面炸至金黃色，起鍋瀝油，備用。
5. 紅蘿蔔、香菇切片，備用；白菜洗淨後切段，川燙後撈起。
6. 將紅蘿蔔、香菇、白菜、金針菇放入鍋內，加水 1000cc，最後擺上炸好的獅子頭，以中火煮約半小時，起鍋前撒上蔥段即可。

# 菠菜雞肉片

菠菜屬木，菠菜含有豐富的維他命C、胡蘿蔔素、蛋白質和礦物質，可防止冬季感冒，且具有延緩細胞老化與保護眼睛的功能，其中含有的類胰島素的物質，對糖尿病患者有幫助。

●材料
雞胸肉 200g、紅蘿蔔少許、
菠菜半斤、香菇 2 朵、蔥 1 支、
薑 1 小塊、蒜 3 顆、辣椒 1 支

●醃料
鹽、糖、胡椒粉、太白粉各1/4匙，
米酒 1 匙

●調味料
鹽 1/2 匙、糖 1/2 匙、胡椒粉 1/4 匙、
香油 1/3 匙、米酒 1 匙

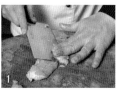

●作法
1. 雞胸肉切片，醃製備用。紅蘿蔔、香菇、蔥薑蒜、辣椒切片，備用。
2. 菠菜洗淨後切段，用滾水川燙至熟，撈起備用。
3. 鍋內倒少許沙拉油，放醃好的雞肉片過油，備用。
4. 爆香蔥薑蒜，加入雞肉片、香菇、辣椒、香油外的調味料拌炒均勻，最後淋上香油。
5. 將川燙好菠菜擺在盤底，放上炒好蔬菜雞肉片即可。

# 黑豆燉豬腳

黑豆屬水，營養價值高，被稱為豆中之王；其蛋白質和動物蛋白質相似，被稱為田中之肉。中醫認為黑豆為腎之谷，具有醫療保健的功效。

**●材料**

豬腳後蹄 300g、黑豆仁 100g、薑 1 小塊、
蔥 1 支、辣椒 1 支、八角 4 粒、甘草 15g

**●調味料**

蠔油 50cc、醬油 100cc、紹興酒 3 匙、
胡椒粉 1/2 匙、冰糖 50g

**●作法**

1. 黑豆仁泡水泡一天，備用。
2. 薑蔥切末、辣椒切小片，備用。
3. 豬腳洗淨後去毛，以滾水川燙去血水。
4. 將所有材料和調味料放電鍋，加水 1500cc，燉煮約 1.5 小時即可。

4

4

4

# 清燉牛肉湯

牛肉五行屬土，牛肉中的胺基酸含量比任何食品都高，對增長肌肉、增強體力特別具效果，牛肉中的維生素 B6 可增強免疫力，鉀對心、腦、血管都有幫助，鎂則能提高胰島素代謝，有助糖尿病。

● **材料**

牛腱肉 300g、甘蔗 200g、白蘿蔔 1/4 條、
蔥 1 支、薑 1 小塊、蒜 4~5 粒

● **調味料**

鹽 1 匙、糖 1½ 匙、米酒 100cc

● **作法**

1. 牛腱肉切片（約 2cm 厚），以熱水川燙熟，備用。

2. 甘蔗、白蘿蔔切塊，蔥切段，備用。

3. 所有材料放入鍋，加調味料、水 1000cc，以電鍋蒸 1 小時。

# 什錦海參煲

海參的蛋白質、膠原蛋白含量豐富，能補血、延緩老化、補鈣、增強免疫力、降低膽固醇，是很好的食療養生補品。冬季滋補，益精、補腎、增強體質、改善骨質疏鬆、促進發育。

● 材料

海參 100g、蝦 50g、蟹肉棒 50g、干貝 8 粒、花蟹 4 隻、
魚片 100g、鮮香菇 6 朵、金針菇 50g、大白菜 200g、
鴻禧菇 50g、豆腐 1 盒

● 調味料

康寶高湯 1 大匙、米酒 2 匙

● 作法

1. 大白菜洗淨後切段，海參洗淨切段，豆腐切塊。

2. 將所有材料川燙後，倒入鍋中。

3. 加水 1000cc、調味料，入電鍋蒸煮 1.5 小時即可。

# 芥蘭炒臘味

芥蘭屬木，是高鈣的蔬菜，含鈣成分僅次於髮菜、香椿。中醫認為吃芥蘭可以明耳目，其中 β 胡蘿蔔素可預防夜盲症，秋冬視力易減退，可多食芥蘭。

● 材料

芥蘭菜 300g、臘腸 1 條、肝腸 1 條、臘肉 50g、

蔥少許、薑少許、蒜少許、辣椒少許

● 調味料

醬油 1/2 匙、蠔油 1/2 匙、糖 1/2 匙、

米酒 1 匙、太白粉水少許

● 作法

1. 將芥蘭川燙後瀝乾，放涼擺盤備用。

2. 蔥、薑、蒜、辣椒切小片；臘腸、肝腸、臘肉川
   燙熟，切片。

3. 開中火爆香蔥、薑、蒜、辣椒，加入切好的臘味
   拌炒，倒調味料，最後放太白粉水勾芡。

4. 炒好後放在芥蘭菜上。

# Chapter 5
## 主廚私房料理

# 食・私

- 和風八仙蔬果
- 玉環五味蝦塔
- 芝麻酥餅東坡肉
- 樹子清蒸石斑
- 臘味稻香油飯
- 珍寶佛跳牆
- 髮菜白果海參
- 水梨銀耳燉雞湯
- 百花釀香菇
- 芋泥香酥鴨
- 鳳梨椰漿西米露
- 抹茶紅豆椰子糕

# *Specialty*
# 私房料理

這個章節收錄了張政師傅的 12 道私房料理，有膨派的佛跳牆、精彩的臘味油飯、暖心的水梨銀耳燉雞湯，將看似繁複的宴客菜化繁為簡，用最簡單的作法，完成最漂亮美味的料理，端上桌保證人人驚豔、吃下肚又讓人健康。

自己是自己最好的營養師，最好的醫生，每天選擇的食物即是養生的良藥，若要有美好的生活，要從關愛自己健康做起，懂「吃」是第一步，然後關心家人健康，要大家一起注重營養。希望這本書能讓大家得到保健養生的助益。

# 和風八仙蔬果

集合綠、紅、黃、白、黑五行五色的健康食材，川燙後混合著和風沙拉醬一起享用，非常適合夏秋天氣較為炎熱的季節，且作法簡單，顏色漂亮，大人小孩都會喜歡。

●材料

蘿蔓生菜 100g、龍鬚菜 100g、日光地瓜 100g、

秋葵 50g、山藥 100g、小番茄 6 粒、哈密瓜半顆、

黑豆仁 30g、什錦堅果少許

●調味料

日式和風醬 適量

●作法

1. 所有蔬果洗淨，龍鬚菜切段，地瓜、山藥、哈密瓜切條狀，備用。

2. 龍鬚菜、地瓜、秋葵、山藥川燙後放涼。

3. 所有材料一併放入盤中，撒上堅果，最後淋上日式和風醬即可。

玉環五味蝦塔

大黃瓜含有黃瓜酶與維生素，可促進新陳代謝、柔嫩肌膚，而所含的有機酸則能抗菌消炎、生津潤喉，葫蘆素能加強免疫力。

●材料

明蝦 6 尾、大黃瓜 1 條、蔥 1 支、薑 1 小塊、蒜 2 粒、辣椒 1 支、紅蘿蔔少許、水梨 1/4 顆

●醃料

米酒 1/4 匙、胡椒粉 1/4 匙、鹽 1/4 匙、太白粉 1/4 匙

●調味料

豆瓣醬 1/2 匙、蠔油 1/2 匙、糖 1/2 匙、香油 1 匙、番茄醬 1/2 匙、胡椒粉 1/3 匙、太白粉 1/2 匙、水 2 匙

●作法

1. 大黃瓜去皮切段，去除中心肉後以滾水川燙，撈起擺盤。

2. 先用剪刀剪去蝦頭尖角處，接著去頭、殼、腸泥後洗清（頭需保留），用醃料醃一下。

3. 熱鍋，倒少許沙拉油（加熱至 160 度），將蝦頭、醃好的蝦仁過熱油後撈起，瀝油備用。

4. 蔥、薑、蒜、辣椒切末，備用。

5. 紅蘿蔔、水梨切末，入鍋翻炒至熟，將炒好的餡料填入川燙好大黃瓜中。

6. 熱鍋爆香蔥、薑、蒜、辣椒，倒入調味料、蝦仁一起拌炒至上色，最後勾芡。

7. 擺放上蝦頭、蝦仁，即可享用。

# 芝麻酥餅東坡肉

東坡肉通常搭配荷葉餅，張師傅改用芝麻酥餅，用電鍋燉得Q軟的東坡肉，夾在烤好的芝麻酥餅中，一口咬下，醬油的鹹香與酥餅的麵香融合，簡直絕配。

●材料

中段五花肉 600g、青江菜 1 把、滷包 1 包、
蔥薑蒜少許、辣椒 1 支、乾炒八角 2~3 粒、
芝麻酥餅 5 個

●調味料

紹興酒 100cc、醬油 100cc、冰糖 50g

●作法

1. 青江菜川燙備用，芝麻酥餅烤熟備用。
2. 其餘所有材料、調味料放入電鍋，悶煮 1.5 小時後取出。
3. 將煮好的東坡肉切片後搭配芝麻酥餅、青江菜即可享用。

# 樹子清蒸石斑

石斑魚因為有著細嫩厚實的肉質，受到很多人喜愛，不僅味道鮮甜，也富含營養，有防止疲勞、降低膽固醇等作用，搭配有開脾健味功效的樹子，更增添美味。

●材料
石斑魚 1 尾、中華豆腐 1 盒、蔥 1 支、
薑 2~3 片、辣椒 1 條

●調味料
樹子醬 2 匙、醬油 2 匙、
香油 2 匙、糖 1/2 匙

●作法
1. 豆腐切塊，備用。
2. 魚洗淨，對半切開，川燙至半熟。
3. 瓷盤先鋪上豆腐塊，再放上川燙好的石斑魚，加樹子醬，入電鍋蒸 20 分鐘。
4. 熱鍋，倒入醬油、香油、糖，拌至糖融解。
5. 蔥薑辣椒切細絲，放在蒸好的魚上，最後淋上調味即可。

# 臘味稻香油飯

臘腸、肝腸、臘肉,三種經典臘味與油飯的組合,喜氣滿點的配色,
充滿東方濃濃的過節氣氛。作法不難,可在家試著做看看。

●材料

糯米 600g、香腸 1 條、肝腸 1 條、臘肉 150g、

香菇 1 朵、肉絲 50g、紅蔥頭 10g、香菜碎少許

●調味料

米酒 1 匙、醬油 1.5 匙、糖 1/2 匙、

胡椒粉少許、香油 1 匙

●作法

1. 糯米泡 1 小時後,煮熟備用。

2. 將香腸、肝腸、臘肉切片,香菇切絲、紅蔥頭切
   小片,備用。

3. 中火爆香紅蔥頭片,依序加入香菇、肉絲炒香,
   加調味料、煮好的糯米飯拌均後盛盤。

4. 切好片的 3 種臘味排放在油飯上,入電鍋蒸 15 分
   鐘,最後撒上香菜碎。

# 珍寶佛跳牆

多種食材組合成的佛跳牆，滋味讓人難忘。現在，你也可以在家裡自己做佛跳牆，只要準備好食材，放入電鍋內就能輕鬆完成。

●材料

排骨 100g、栗子 50g、芋頭 150g、

鳥蛋 10 顆、蒜頭 5 顆、豬腳 150g、

魚翅 50g、乾干貝 6 粒、魚皮 50g、

白菜 100g、香菇 6 朵、紅棗 6 顆、

海參 100g

●調味料

鹽 1 匙

●作法

1. 熱油鍋至 160 度，將排骨、栗子、芋頭、鳥蛋、蒜頭放入，炸香後撈起，瀝油。

2. 將所有材料放入容器內，加水 800cc，入電鍋蒸 1.5 個小時。

# 水梨銀耳燉雞湯

水梨和銀耳的營養成分前幾章就已清楚說明，清甜的水梨與雞湯的搭配超 Match，再加上可比燕窩的白木耳，任何時節都可來一碗。

●材料

雞胸肉 200g、銀耳 100g、水梨 1 顆、

枸杞少許、南北杏少許

●調味料

鹽 1 匙、米酒 1 匙

●作法

1. 雞胸肉清洗切片，川燙後備用。銀耳泡開，備用。

2. 水梨削皮去籽、切塊，備用。

3. 將雞肉片、水梨放入容器，再加其餘材料、調味料、水 1000cc，入電鍋燉 1.5 小時即完成。

師傅小提醒：

冬天時，也可適量加入一些薑片一起燉煮，能有效祛寒。

百花釀香菇

在餐廳才看得到的宴會菜，不只是看起來漂亮，吃起來也很美味，而且作法並不難。用營養滿分的食材，做成的創意料理，無論大人孩子都喜歡。

●材料
鮮香菇 8 朵、蝦仁 200g、薑 5g、
馬蹄 5 粒、干貝 4 個、青花菜 30g

●醃料
鹽 1/2 匙、糖 1/3 匙、
胡椒粉少許、蛋 1 顆

●調味料
鹽 1/2 匙、糖 1/3 匙、米酒 2 匙、太白粉少許

●作法
1. 干貝洗淨，薑切末，備用。青花菜切小朵，川燙備用。
2. 馬蹄用刀拍碎後再剁成泥，以手把汁擠乾。
3. 蝦仁去腸，用刀拍打成泥，備用。
4. 蝦泥加鹽攪勻，再加入馬蹄泥、薑末、太白粉和醃料，拌勻成團。
5. 香菇去蒂頭，撒上太白粉，鑲入拌好的蝦泥，整形。
6. 干貝橫切一半，壓在蝦泥上，放入電鍋，蒸 15 分鐘。
7. 糖、米酒、太白粉水勾芡，淋在蒸好的香菇和青花菜上。

# 髮菜白果海參

白果對於身體虛弱的人有補虛止熱的作用，而海參與髮菜的營養價值超高，這樣水加金的五行組合，可止咳潤肺、補腦補身。

● **材料**

濕髮菜 200g、白果半罐、海參 6 條、
青江菜 1 把、蔥 1 支、辣椒 1 支

● **調味料**

蠔油 1 匙、醬油 1 匙、糖 1 匙、水 3 匙
胡椒粉 1/2 匙、香油 1 匙、太白粉 1 匙

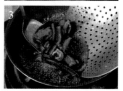

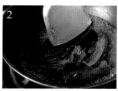

● **作法**

1. 將泡過水的髮菜煮熟，備用。白果、青江菜川燙至熟，備用。

2. 海參洗淨，切塊。煮熱水，海參過水後備用。

3. 蔥、辣椒切段，入熱鍋爆香，加入調味料、太白粉水、海參以小火煮 20 分鐘。

4. 將髮菜、白果、青江菜擺盤，放上煮好的海參，淋上醬汁。

芋泥香酥鴨

張政師傅的壓箱寶，做法不難，但滋味絕對比你想像中絕妙！芋泥的香味與鴨肉特有的風味一拍即合，酥脆的外皮淋上醬汁，會讓人食慾大開。

●材料
芋頭 1 顆、蛋黃 1 顆量、
鴨半隻、太白粉少許

●醃料
鹽 1/2 匙、沙拉油 2 匙、
糖 1/2 匙、太白粉 1 匙

●醬汁
香菇末少許、紅蘿蔔末少許、蔥薑蒜末少許、
蠔油 1 匙、味醂 1 匙、糖 1/2 匙、醬油 1 匙

●作法
1. 芋頭削皮切片，蒸熟。
2. 蒸好的芋頭片搗成泥狀，加醃料混拌均勻，備用。
3. 將蛋黃和少許太白粉混勻，成蛋黃糊，備用。
4. 鴨入電鍋蒸熟後放涼，去骨取肉，撒上太白粉、抹上蛋黃糊。
5. 取一塊芋泥，整形後鋪在鴨肉上，兩面再抹少許太白粉。
6. 鍋內倒適量沙拉油，熱油至 140 ～ 160 度，鴨肉皮面朝下煎炸，煎炸至外皮金黃色後，即可起鍋吸油。
7. 醬汁製作:所有醬汁食材末入鍋爆香，加醬油、蠔油、味醂、糖混勻後即成。
8. 芋泥鴨肉切塊，淋上醬汁即可享用。

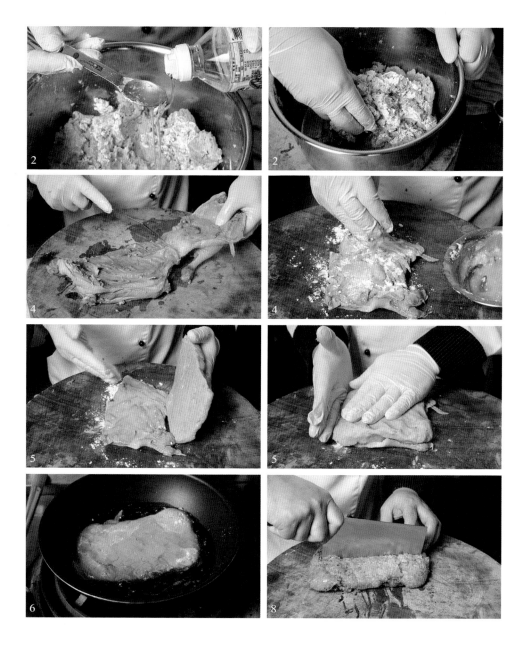

# 鳳梨椰漿西米露

鳳梨是非常好的水果，可降血壓、消脂，預防心血管疾病，豐富的維生素 C、鉀、錳和纖維質，能促進鈣質吸收，有強化骨質的效果，而蛋白酵素能幫助身體組織復元。

●材料
鳳梨 1/4 顆、椰漿適量、
西谷米 1 杯、冰糖適量

●作法
1.鳳梨去皮後切細絲，備用。
2.將西谷米煮熟，加入鳳梨絲和冰糖煮至滾，最後淋上適量椰漿即可。

師傅小提醒：
有別於常見的芋頭、椰子口味西米露，將鳳梨切成細絲後與西谷米、椰漿混搭出不一樣的滋味，冷熱吃都好吃喔！

# 抹茶紅豆椰子糕

這款抹茶紅豆椰子糕，吃起來清爽，剛入口時抹茶的滋味便在味蕾上擴散，茶韻的苦反而帶出這款甜點的香，入喉後韻味猶存，非常推薦的一品。

●材料

在來米粉 1/2 包、抹茶粉 20g、紅豆沙 50g、椰子粉 50g、玉米粉 100g、牛奶 250cc、椰漿 100cc、糖 50g

●作法

1. 隔水加熱牛奶 50cc，沖入抹茶粉、玉米粉，拌勻，倒入一平底容器內。

2. 隔水加熱牛奶 200cc，倒入在來米粉、糖、椰漿拌勻成糊狀，取一半量平鋪在抹茶上層。

3. 將紅豆沙整形成與容器面積相等的扁形塊狀，放入容器中當第三層。

4. 將剩餘在來米粉糊平鋪在第四層，放電鍋蒸 15 分鐘。蒸好後放涼，放入冰箱冷藏至定型，取出切塊，沾取椰子粉享用。

師傅小提醒：

喜歡有點咬勁的口感，建議冷藏半天以上再取出，吃起來更 Q 更香喔。

玩藝 47

# 四季日日五行，五色五味的好食養

一只平底鍋＋電鍋，五星級主廚運用當季食材、配合節氣的 60 道養生食譜

作　　者／張　政
文字統籌／謝良欣
攝　　影／林永銘
主　　編／汪婷婷
責任編輯／程郁庭
責任企劃／汪婷婷
封面設計／顧介鈞
內頁設計／潘大智
董 事 長
總 經 理　／趙政岷
總 編 輯／周湘琦

| 特別感謝 |

莊敬高職，食譜拍攝當日協助的學生們

出 版 者／時報文化出版企業股份有限公司
　　　　　10803 台北市和平西路三段二四○號二樓
　　　　　發行專線—(02)2306-6842
　　　　　讀者服務專線—0800-231-705　(02)2304-7103
　　　　　讀者服務傳真—(02)2304-6858
　　　　　郵撥—19344724 時報文化出版公司
　　　　　信箱—台北郵政 79～99 信箱
時報悅讀網／ http://www.readingtimes.com.tw
電子郵件信箱／ books@readingtimes.com.tw
生活線臉書／ https://www.facebook.com/ctgraphics
法律顧問／理律法律事務所　陳長文律師、李念祖律師
印　　刷／詠豐印刷有限公司
初版一刷／ 2017 年 5 月 19 日
定　　價／新台幣 420 元

（缺頁或破損的書，請寄回更換）

國家圖書館出版品預行編目 (CIP) 資料

四季日日五行，五色五味的好食養：一只平底鍋＋電鍋，
五星級主廚運用當季食材、配合節氣的 60 道養生食譜 / 張
政作 . -- 初版 . -- 臺北市：時報文化 , 2017.05
　面；　公分 . --（玩藝）
ISBN 978-957-13-6997-6(平裝)

1. 食譜

427.1　　　　　　　　　　　　　　　　　106006153

## 《讀者活動回函》

填問卷，抽好禮！即日起只要您完整填寫讀者回函內容，並於 2017/7/31 前（以郵戳為憑），寄回時報文化，就有機會獲得「花草骨瓷杯」，共 30 名。得獎名單將於 2017/08/15 前公佈在「時報出版流行生活線」。

四季日日五行
五色五味的好食養

一只平底鍋＋電鍋，五星級主廚運用當季食材、
配合節氣的 60 道養生食譜

＊您想學做菜的契機？

＿＿＿＿＿＿＿＿＿＿＿＿＿＿＿＿＿＿＿＿＿＿＿

＊您最喜歡本書的章節、食譜與原因？

＿＿＿＿＿＿＿＿＿＿＿＿＿＿＿＿＿＿＿＿＿＿＿

＊您希望張政師傅能再多分享哪些料理與技巧呢？

＿＿＿＿＿＿＿＿＿＿＿＿＿＿＿＿＿＿＿＿＿＿＿

＿＿＿＿＿＿＿＿＿＿＿＿＿＿＿＿＿＿＿＿＿＿＿

＊請問您購買本書籍的原因？
□喜歡主題　□喜歡封面　□喜愛作者　□熱愛做菜　□喜愛購書禮
□價格優惠　□工作需要　□其他

＊請問您在何處購買本書籍？
□誠品書店　　　□金石堂書店　　□博客來網路書店　　□其他網路書店
□一般傳統書店　□量販店　　　　□其他

＊您從何處知道本書籍？
□一般書店：　　　　□網路書店：　　　　□量販店：　　　　□報紙：　　　　□廣播：
□電視：　　　　　　□網路媒體活動：　　□作者個人粉絲團　　□朋友推薦　　　□其他

【讀者資料】

姓名：＿＿＿＿＿＿＿＿　□先生 □小姐　年齡：＿＿＿＿＿＿＿　職業：＿＿＿＿＿＿＿＿＿

聯絡電話：（H）＿＿＿＿＿＿＿＿＿　（M）＿＿＿＿＿＿＿＿＿

地址：＿＿＿＿＿＿＿＿＿＿＿＿＿＿＿　E-mail：＿＿＿＿＿＿＿＿

（請務必完整填寫、字跡工整）

＊您是否同意收到我們發送給您的訊息？　□同意　　□不同意

注意事項：
★本問卷將正本寄回不得影印使用。
★本公司保有活動辦法之權利，並有權選擇最終得獎者。
★若有其他疑問，請洽客服專線：02-23066600#8219

# 花草骨瓷杯

尺寸：H10×W9 cm
骨瓷屬於高檔瓷器，質地晶瑩細膩，雖輕薄，
不易磨損與破裂，優雅的花草設計，增添質感。

C&C
UNIVERSAL

※ 請對摺後直接投入郵筒，請不要使用釘書機。

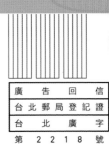

| 廣 | 告 | 回 | 信 |
| 台 北 郵 局 登 記 證 |
| 台 | 北 | | 廣 | | 字 |
| 第 2 2 1 8 號 |

**時報文化出版股份有限公司**

108 台北市萬華區和平西路三段 240 號 2 樓

第三編輯部 收

**KIMLAN**
AUTHENTIC CHINESE
SINCE 1936

四季更迭 五行自運轉

風味純粹 乃無添加

金蘭無添加原味醬油，僅有非基改黃豆、小麥、食鹽、水，養生料理增添天然調味第一選擇，全省量販超市均有販售。

# 蠔油怎能沒有蠔？

李錦記擁有自家管理蠔場，全程專人監控，
優選成熟飽滿的鮮蠔 (牡蠣)，即採、即開、即熬製，
蠔汁點滴由真蠔製造，蠔味鮮甜濃郁，
助您提升菜餚的真鮮味。

**蠔油碎碎念：**
以單一蔬菜或拼配多款食材
(豆腐、菇類、蘆筍等)，淋上
李錦記舊庄特級蠔油，即能為菜
餚帶來特別不一樣的鮮味。

李錦記 港
舊庄
特級蠔油
場創於1888年・SINCE 1888

LEE KUM KEE
PREMIUM OYSTER SAUCE

淨量510克(18安士) NET WT.510 g (18 oz.)

更多蠔油食譜請登入：
tw.lkk.com

**Hand Made in Germany**

☐ Gesundheitliche Unbedenklichkeit nach Lebensmittel- und
Bedarfsgegenständegesetz (LMBG)
☐ Prüfung und Bewertung der Gebrauchstauglichkeit (z.B. Funktion, Dauerhaltbarkeit
und Handling, Verarbeitungsqualität und Korrosionsverhalten)
☐ Mechanische Sicherheitsprüfungen nash Gerätesicherheitsgesetz, DIN, EN, ISO
☐ Hygieneprüfungen und Hygienedesign

# 飛騰家電之美

一點浪漫、一滴創意、
一些真材、廚房就是天堂 *張鴻善*

## 德國純手工打造健康原味鍋：

◎ 傳承德國120年歷史悠久之純手工打造，一體成型，鑄鋼鋁合金鍋具。
◎ 德國工藝，頂尖技術、藝匠傳承，不可思議的烹調效果，能令果菜色澤還原、纖維恢復，保留食物養份、水份及香味。
◎ 通過德國衛生署及 Die LGA QualiTest GmbH 嚴格檢測，鈦金屬不沾塗層溶劑原料，100%不含PFOA，無毒無害，善盡保護地球之責任。
◎ 導熱快，熱度迅速均勻傳導分佈至鍋具每個角落，且儲溫蓄熱效果強，能縮短烹煮時間，省電省瓦斯。
◎ 鍋蓋及鍋身為氣密式設計，能鎖住原汁原味。鍋具及鍋蓋把手皆可耐高溫至260度，可用於烤箱。

**廣南國際有限公司**
臺北市士林區雨農路24號
TEL：(02)2838-1010 (總管理處)
TEL：(02)2595-1688 (行銷企劃部)
& ID:vastarmimichi

www.vastar.corn.tw